彭依莎 主编

北京出版集团公司
北京美术摄影出版社

图书在版编目（CIP）数据

人气烘焙大全 / 彭依莎主编. — 北京 : 北京美术摄影出版社，2018.12
ISBN 978-7-5592-0214-7

Ⅰ. ①人… Ⅱ. ①彭… Ⅲ. ①西点 — 烘焙 Ⅳ. ①TS213.2

中国版本图书馆 CIP 数据核字 (2018) 第 259766 号

策　　划：深圳市金版文化发展股份有限公司
责任编辑：董维东
助理编辑：李　梓
责任印制：彭军芳

人气烘焙大全

RENQI HONGBEI DAQUAN

彭依莎　主编

出　版　北京出版集团公司
　　　　北京美术摄影出版社
地　址　北京北三环中路 6 号
邮　编　100120
网　址　www.bph.com.cn
总发行　北京出版集团公司
发　行　京版北美（北京）文化艺术传媒有限公司
经　销　新华书店
印　刷　鸿博昊天科技有限公司
版印次　2018 年 12 月第 1 版第 1 次印刷
开　本　787 毫米×1092 毫米　1/16
印　张　10
字　数　150 千字
书　号　ISBN 978-7-5592-0214-7
定　价　49.00 元

如有印装质量问题，由本社负责调换
质量监督电话　010-58572393

目录

第一章 烘焙其实很简单

002 烘焙常用工具

004 初学者必备的烘焙技巧

006 不可不学的打发技巧

第二章 饼干类

010 核桃曲奇

012 花纹奶香小饼干

014 椰奶饼干

016 菊花饼干

018 迷你抹茶奶酥

020 椰香核桃饼干

022 巧克力花生酥条

024 花生脆饼

026 松子咖啡饼干

028 夏威夷豆饼干

030 咖喱海苔饼

032 紫菜饼干

034 蒜香辣椒酥饼

036 蕾丝葡萄饼

038 无花果奶酥

040 芝麻玉米燕麦饼

042 香果长条饼干

044 杏仁意式脆饼

046 花形焦糖杏仁

048 夏日西瓜饼干

第三章
蛋糕类

052 贝壳蛋糕
054 苹果奶酥磅蛋糕
056 大理石磅蛋糕
058 君度橙酒巧克力蛋糕
060 迷你布朗尼
062 什锦果干奶酪蛋糕
064 巧克力玛芬
066 蓝莓玛芬蛋糕
068 草莓乳酪玛芬
070 巧克力杯子蛋糕
072 抹茶杯子蛋糕
074 蜂蜜柠檬杯子蛋糕
076 奥利奥杯子蛋糕
078 奶酪夹心小蛋糕
080 草莓蛋糕卷
082 轻乳酪蛋糕
084 黑森林樱桃蛋糕
086 红丝绒水果蛋糕
088 玫瑰蛋糕
090 花园蛋糕

第四章
面包类

094 布里欧修
096 法国棍子面包
098 椰香奶酥包
100 葡萄干面包
102 手工白吐司
104 蓝莓贝果
106 热狗贝果卷
108 法式椰香蛋堡
110 红酒蓝莓面包
112 抹茶奶露面包
114 沙拉米披萨

第五章
甜点类

118 椰子球

120 蛋白爱心

122 巧克力玻璃珠

124 草莓挞

126 坚果挞

128 蓝莓葡挞

130 杧果慕斯挞

132 菠萝派

134 石榴派

136 柠檬蛋白派

138 柠檬闪电泡芙

140 水蜜桃泡芙

142 巧克力千层酥饼

144 汉拏峰橘马卡龙

146 草莓大福

148 糯米糍

150 香橙烤布蕾

152 牛奶冻

第一章 烘焙其实很简单

对于零基础的烘焙新手而言，
要从哪里开始学烘焙呢？
烘焙其实一点都不难，
从入手一台烤箱开始，
再准备好烘焙的基础配备工具，
从本章开始，为你拉开烘焙的神秘面纱。

烘焙常用工具

俗话说：“工欲善其事，必先利其器。”要想制作出美味可口的西点，就必须要提前准备好以及熟练运用各种所需工具，下面我们来了解一下烘焙时需要用到的工具吧。

【家用烤箱】

烤箱是一种用来烤制一些饼干、点心和面包等食物的密封的电器，它同时也具备烘干的功能。

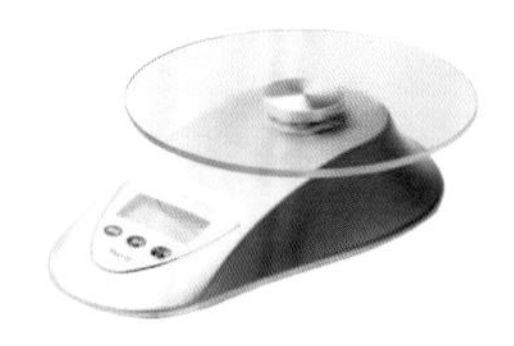

【电子秤】

电子秤又叫电子计量秤，一般用来称量各式各样的粉类（如面粉、抹茶粉等）、细砂糖等需要准确称量的材料。

【手动搅拌器、电动搅拌器】

手动搅拌器可以用于打发蛋白、黄油等，制作一些简易小蛋糕，但使用时费时费力；电动搅拌器打发速度快，比较省力，使用起来十分方便，西点中常用来打发奶油、黄油或搅拌面糊等。

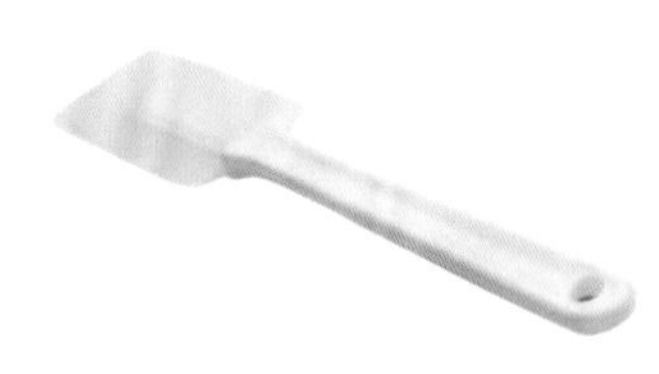

【长柄刮板】

长柄刮板是一种软质、如刀状的工具，它的作用是将各种材料拌匀，以及将盆底的材料刮干净。

【刮板】

刮板通常为塑料材质，主要用于搅拌面糊和蛋白，也可用于揉面时铲面板上的面、压拌材料以及鲜奶油的装饰整形。

【擀面杖】

擀面杖是制作西点时擀压面团的好帮手，在整齐、均匀地擀面团或抻开面团时使用。

【裱花袋】

裱花袋是形状呈三角形的塑料材质袋子，使用时装入奶油，再在最尖端套上裱花嘴或直接用剪刀剪开小口，可以挤出各种纹路的奶油花。

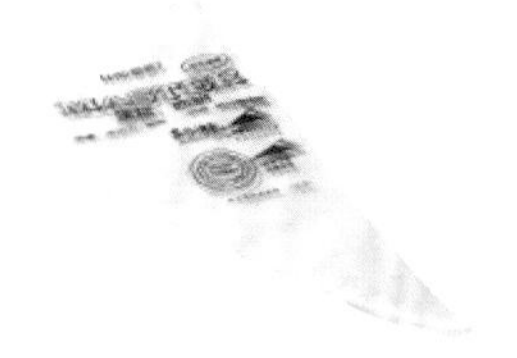

【面粉筛】

面粉筛一般都是由不锈钢制成的，是用来过筛面粉的烘焙工具，面粉筛底部都是漏网状的，可以用于过筛面粉中含有的其他杂质。

【烘焙油纸】

烘焙油纸用于烤箱内烘烤食物时垫在模具底部，防止食物粘在模具上面导致清洗困难。

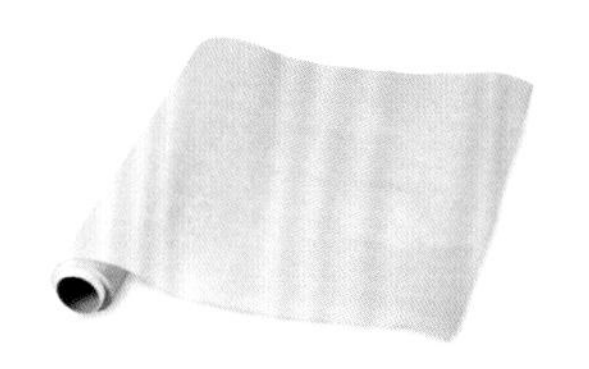

【戚风蛋糕模】

戚风蛋糕模是做戚风蛋糕必备的用具，一般为铝合金制，圆筒形状，多带磨砂感，制作蛋糕时只需将戚风蛋糕液倒入，然后烘烤即可。

【吐司模】

吐司模主要用于制作吐司，要购买金色不粘材质的吐司模，这样制作时不需要涂油防粘。

【蛋挞模】

蛋挞模用于制作普通蛋挞或葡式蛋挞。一般选择铝模，压制比较好，烤出来的蛋挞口感也比较好。

初学者必备的烘焙技巧

近年来，烘焙食品也越来越常见了，它丰富的营养和多变的外形，逐渐受到人们的喜爱。但是对于一些新手来说，烘焙时往往有很多的问题出现，下面就让我们来了解一下烘焙中的常见问题和解决方法。

问题一 烘烤是否要采取防粘措施?

在制作西点时，无论是使用烤盘或其他的烤制模具，一般都是需要采取防粘措施的。防粘措施一般是指在烤盘或烤制模具上垫烘焙用锡纸或油纸，此外，垫上高温布也是比较常用的方法。如果是制作面包、蛋糕的模具，可以在模具内部涂上一层软化的黄油，再在模具壁上均匀涂撒一层干面粉，防止粘的效果会更好。

但如果使用的烤盘或是模具本身就具有防粘特性，这种情况下可以不采取防粘措施。

问题二 为了省时可否一次烤两盘?

如果是在家中烘烤面包或蛋糕，一般都不建议一次烤两盘。因为一般情况下，家用的烤箱本身就存在受热不均匀的现象，如果一次性放进两盘需要烤的糕点原料，会让受热不均匀的情况加重，从而影响西点成品的品质。

问题三 为什么烘焙时会有点心不熟或者烤焦的情况?

烘焙时会有点心不熟或者烤焦的情况出现，有可能是制作过程中没有严格按照配方要求的时间和温度进行操作，时间和温度的误差有可能会造成点心不熟或烤焦。此外，不排除家用烤箱温度不准的情况。即使是同一品牌同一型号的烤箱，也存在每台烤箱之间温度有所差异的情况，所以制作时不仅要参考配方的时间和温度，还要适时根据实际情况稍作调整。

问题四 怎样保存奶油最好?

奶油的保存方法并不简单，绝不是随意放入冰箱中就可以的。最好先用纸将奶油仔细包好，然后放入密封盒中冷冻保存。这样，奶油才不会因水分散发而变硬，也不会沾染冰箱中其他的味道。

不可不学的打发技巧

烘焙是精加工的手法，涉及多种材料、多个环节的处理，其中除了面团的制作之外，最主要的就是材料的打发部分，下面我们将详细介绍基本材料的打发技巧。

1.打发鸡蛋

【做法】

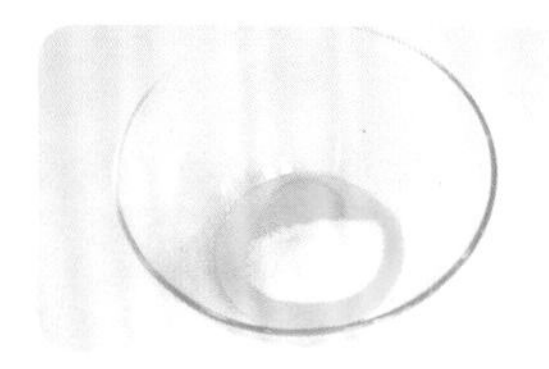

1 取一个容器，倒入备好的鸡蛋、细砂糖。

2 混合搅打至呈乳白色，拿起搅拌器捞起，泡沫会滴流而下。

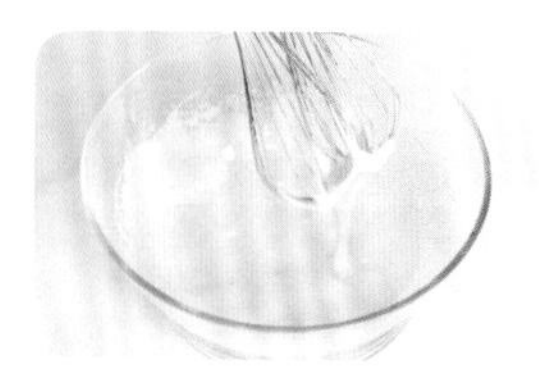

3 继续搅拌至泡沫呈细腻光滑状即表示打发完成，可以与其他材料拌和。

零失败秘籍

在打发前将蛋液稍加温至38～43℃，可降低蛋黄的稠度，并加速起泡性。打发时最好用中速打发，以免溅出。另外，鸡蛋一经打发就必须尽快使用，因为停留的时间越久，蛋的膨胀能力就会逐渐消失。

2.打发蛋白

【做法】

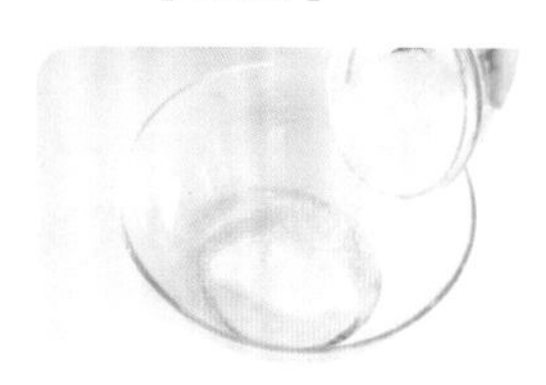

1 取一个容器，倒入备好的蛋白和三分之一的细砂糖。

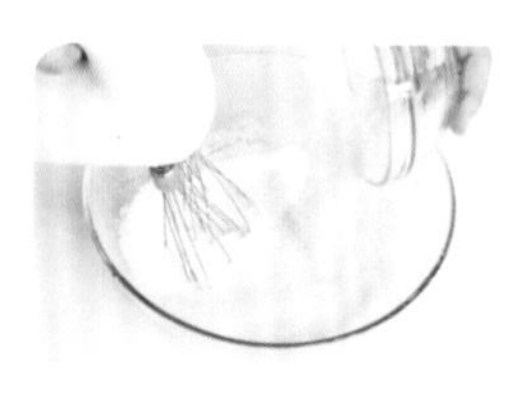

2 用电动搅拌器中速打至冒出细微泡沫，分两三次加入剩余细砂糖继续搅拌。

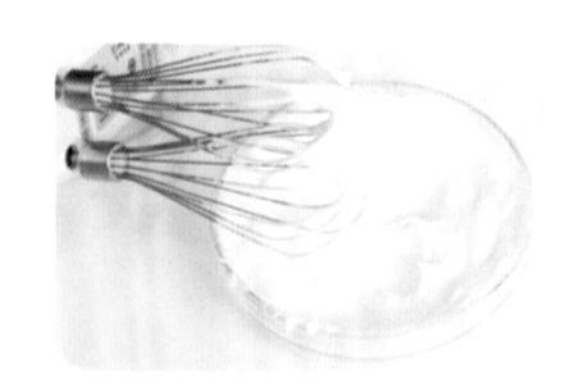

3 打发至有明显的纹路，搅拌器勾起材料尾端呈尖峰挺立。

零失败秘籍

一旦开始打发蛋白，尽量一气呵成，中途不要出现长时间的中断。另外，要是喜欢厚实点的质感，可以晚点儿放糖。在夏天则要把蛋白的温度保持在23℃左右，如果温度太高，可冷藏几分钟再打。

3.打发黄油

【做法】

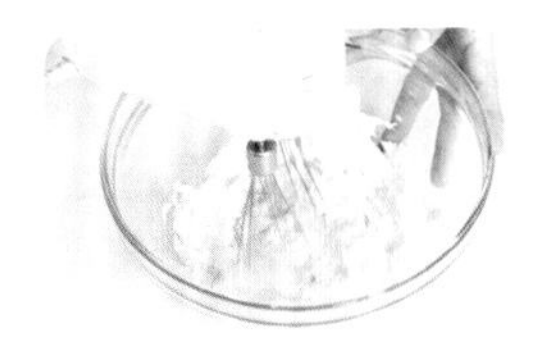

1 将软化的黄油搅拌打发至体积膨大、松发，颜色呈乳白色。

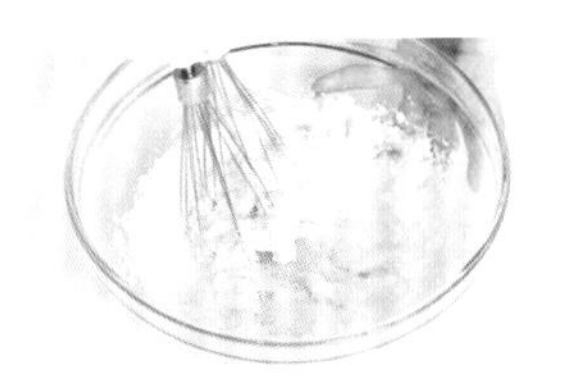

2 加入细砂糖继续搅拌至细砂糖完全溶化。

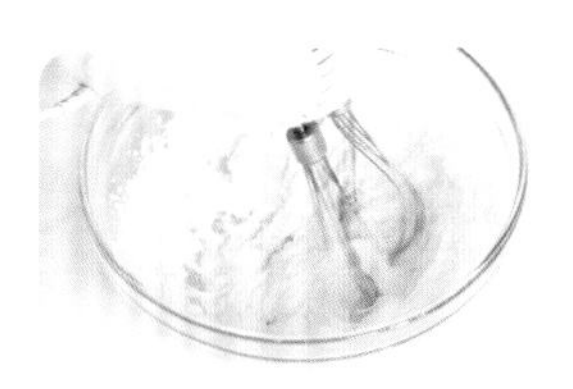

3 继续打发至质地细腻的绒毛状即表示打发完成，可以与其他材料拌和。

零失败秘籍

黄油一般冷藏保存，使用时最好置于常温下退冰，待手指可轻压出一个小坑即可。另外打发的时候要不停地转动搅拌器，这样才能打发得更均匀。黄油打发后无论加什么材料，都要分批加入，再一起打均匀。

第二章
饼干类

喜欢自己烘焙小饼干，
却总担心会做得不好吃、不好看。
不妨试试本章介绍的快手饼干！
香酥可口，健康无添加，
零基础也能做成功！

核桃曲奇

分量 | 12块
时间 | 烤约10分钟
温度 | 上、下火175 ℃烘烤

< 材料 >

低筋面粉85克
玉米淀粉10克
鸡蛋液55克
核桃仁碎15克
无盐黄油50克
糖粉40克

< 制作步骤 >

打发黄油和鸡蛋

1 将无盐黄油和糖粉倒入大玻璃碗中。

2 用橡皮刮刀翻拌均匀，再用电动搅拌器搅打均匀。

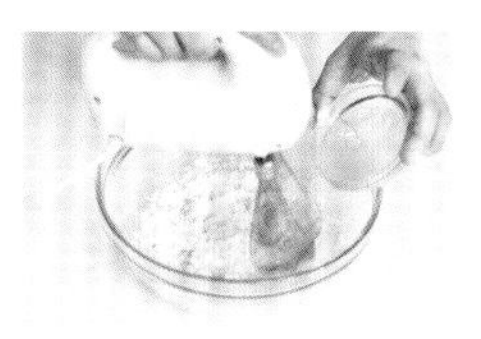

3 边倒入鸡蛋液，边用电动搅拌器搅打均匀。

把黄油提前从冰箱取出，放室温下软化至手指可以轻压出痕迹后再使用。

制作饼干面糊

4 将低筋面粉过筛至大玻璃碗里。

5 将玉米淀粉过筛至大玻璃碗里。

6 用橡皮刮刀翻拌成无干粉的面糊。

制作曲奇坯

7 将面糊装入套有圆齿裱花嘴的裱花袋里，用剪刀在裱花袋尖端处剪一个小口。

8 将面糊挤在铺有油纸的烤盘上，制作出数个曲奇坯。

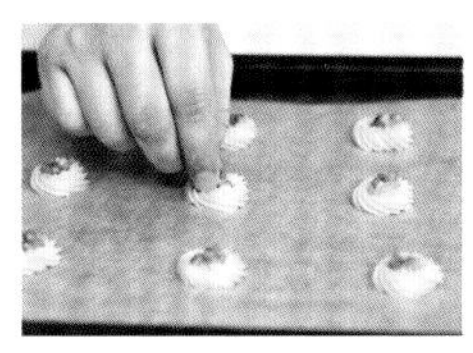

9 逐一放上核桃仁碎，即成核桃曲奇坯。

入模烘烤

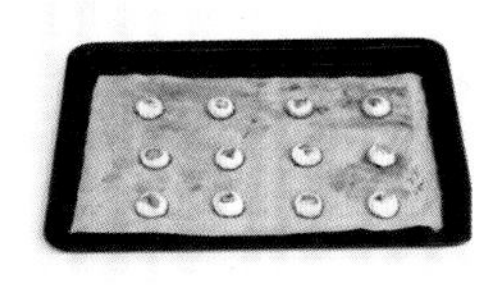

10 将烤盘放入已预热至175℃的烤箱中层，烤约10分钟即可。

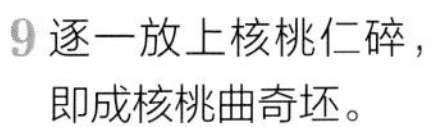

核桃仁可以事先用烤箱烘烤一下。

打发黄油的技巧

用电动搅拌器低速将黄油和糖打发均匀，然后开启中速挡搅打至黄油体积膨胀，色泽转浅。

花纹奶香小饼干

分量 | 11块
时间 | 烤约25分钟
温度 | 上、下火160℃烘烤

< 材料 >

无盐黄油90克
糖粉60克
盐1克
鸡蛋液45克
低筋面粉90克
高筋面粉55克
奶粉15克
奶香粉1.5克

< 制作步骤 >

打发黄油和鸡蛋

1 将已室温软化的无盐黄油倒入钢盆中。

2 将糖粉过筛至有黄油的钢盆中。

3 加入盐，用软刮翻拌均匀。

4 用电动搅拌器搅打至材料呈乳白色。

5 分3次倒入鸡蛋液。

制作饼干面糊

6 边倒边搅打均匀。

将鸡蛋与黄油完全搅打均匀，至盆中无液体状即可。

7 将高筋面粉、低筋面粉过筛至钢盆里。

8 将奶粉、奶香粉过筛至钢盆里。

9 将盆中材料翻拌成无干粉的面糊。

整制成形

10 将面糊装入套有裱花嘴的裱花袋里。

11 取烤盘，挤出数个大小一致的造型面糊，制成饼干坯。

入烤箱烘烤

12 移入预热至160 ℃的烤箱中层，烤25分钟至表面呈金黄色即可。

椰奶饼干

分量 | 6块
时间 | 烤约30分钟
温度 | 上、下火150℃烘烤

< 材料 >

无盐黄油55克
糖粉30克
椰浆15毫升
杏仁粉15克
低筋面粉50克
椰子粉10克

< 制作步骤 >

打发黄油 —— 制作饼干面糊 →

1 将已室温软化的无盐黄油倒入钢盆中。

2 将糖粉过筛至钢盆中，再用软刮翻拌均匀。

3 用电动搅拌器搅打至材料混合均匀。

4 分2次倒入椰浆，边倒边搅打。

整制成形 →

5 将低筋面粉过筛至钢盆里。

6 将杏仁粉、椰子粉过筛至钢盆里。

7 以软刮翻拌成无干粉状的面糊。

8 将面糊装入套有裱花嘴的裱花袋里。

—— 入烤箱烘烤 ——

9 取烤盘，挤出数个大小一致的面糊，制成饼干坯。

10 移入预热至150 ℃的烤箱中层，烤30分钟至表面呈金黄色即可。

饼干的薄厚度要均匀，以免烘烤时较薄的饼干被烤煳。

挤出不同的形状

将饼干面糊用裱花袋装好，根据个人喜好选择不同的裱花嘴，就可以挤出不同的形状。

菊花饼干

分量 | 8块
时间 | 烤约25分钟
温度 | 上、下火160℃烘烤

< 材料 >

无盐黄油30克
糖粉25克
色拉油20毫升
水20毫升
低筋面粉85克
奶酪粉5克
奶粉1克
草莓果酱适量

打发黄油

1 将已室温软化的无盐黄油倒入钢盆中。

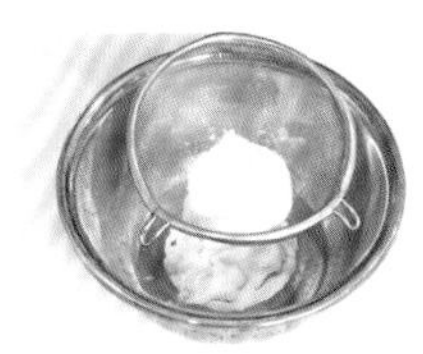

2 将糖粉过筛至钢盆中。

3 用橡皮刮刀翻拌均匀。

4 用电动搅拌器搅打至材料呈乳白色。

制作饼干面糊

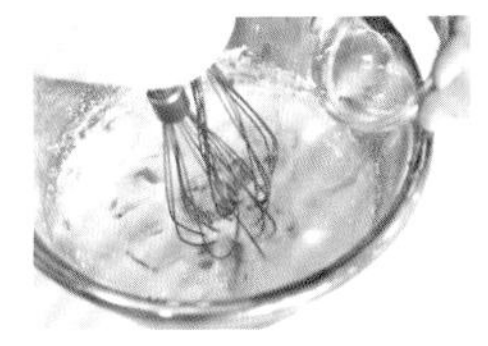

5 先后分2次加入色拉油和水。

6 搅拌均匀至无液体状。

7 将低筋面粉、奶酪粉、奶粉过筛至钢盆中。

8 翻拌成无干粉的面糊。

先用手动搅拌器搅拌四五下后再用电动搅拌器搅拌，以免粉类材料飞溅。

整制成形

9 将面糊装入套有裱花嘴的裱花袋中。

10 取烤盘，在烤盘上挤出大小一致的菊花形面糊。

11 在菊花面糊中间挤上草莓果酱作为装饰，制成菊花饼干坯。

入烤箱烘烤

12 将烤盘放入已预热至160 ℃的烤箱中层，烤约25分钟至表面上色，取出稍稍冷却即可食用。

迷你抹茶奶酥

分量 | 20块
时间 | 烤约15分钟
温度 | 上、下火170℃烘烤

< 材料 >

低筋面粉105克
抹茶粉6克
奶粉10克
无盐黄油85克
糖粉50克
鸡蛋液47克
杏仁粒少许
盐2克

< 制作步骤 >

打发黄油和鸡蛋

1 将无盐黄油、糖粉倒入大玻璃碗中。

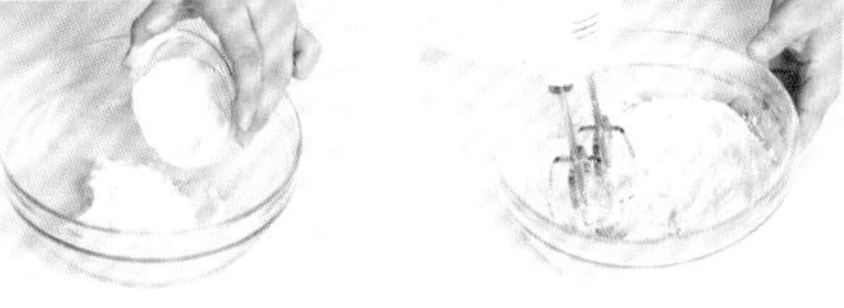

2 用电动搅拌器搅打至发白。

3 分2次倒入鸡蛋液，用电动搅拌器搅打均匀。

制作饼干面糊

4 倒入盐，继续搅打均匀。

5 将低筋面粉过筛至大玻璃碗里。

6 将抹茶粉过筛至大玻璃碗里。

7 将奶粉过筛至碗里。

8 用橡皮刮刀翻拌均匀成面糊。

整制成形

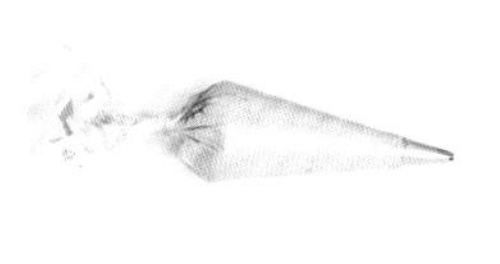

9 将面糊装入套有细圆齿裱花嘴的裱花袋里。

10 取烤盘，铺上油纸，在油纸上挤出大小一致的造型奶酥坯。

11 依次放上杏仁粒。

杏仁粒可以事先用烤箱烘烤一下。

入烤箱烘烤

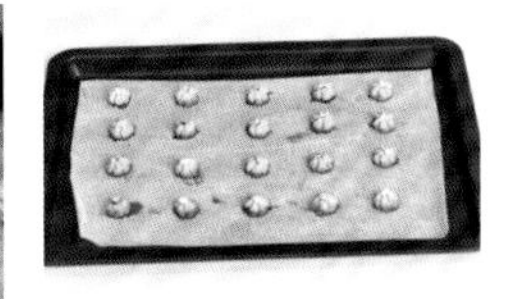

12 将烤盘放入已预热至170℃的烤箱中层，烤约15分钟即可。

请大家根据自己烤箱的情况调整温度。

椰香核桃饼干

分量 | 20块
时间 | 烤约30分钟
温度 | 上、下火150℃烘烤

< 材料 >

椰浆30毫升
椰子粉35克
细砂糖50克
鸡蛋液25克
低筋面粉120克
核桃25克

打发鸡蛋

1 将椰浆倒入备好的大玻璃碗中。

2 放入细砂糖。

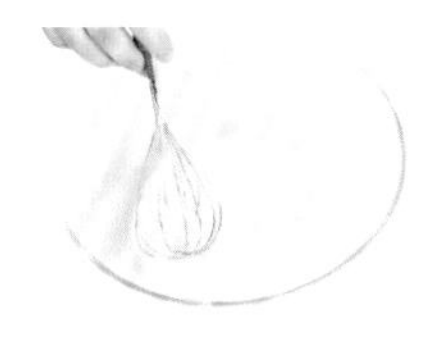

3 用搅拌器搅拌均匀。

4 边倒入鸡蛋液，边搅拌均匀。

制作饼干面糊

5 将低筋面粉过筛至大玻璃碗里。

6 将椰子粉过筛至大玻璃碗里。

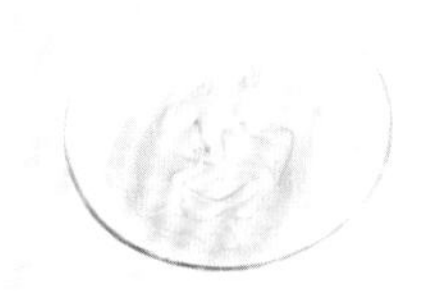

7 搅拌均匀，制成饼干面糊。

整制成形

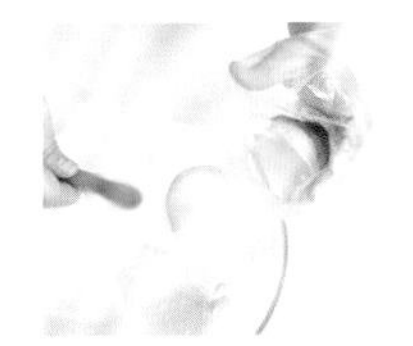

8 将面糊装入套有裱花嘴的裱花袋里。

9 取烤盘，铺上油纸，在油纸上挤出大小一致的饼干坯，分别放上核桃。

入烤箱烘烤

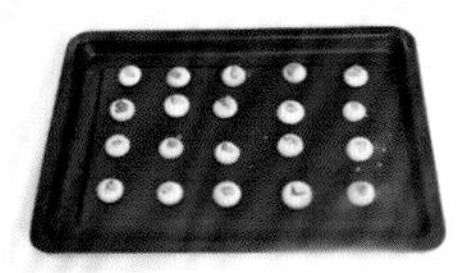

10 最后放进预热至150℃的烤箱中烘烤30分钟即可。

如何确定饼干是否烤好

测试饼干是否已经烤好，可以用牙签轻戳一下饼干，无黏稠物粘在牙签上就说明饼干已经烤好了！

巧克力花生酥条

分量 | 9块
时间 | 烤约22分钟
温度 | 上、下火200℃烘烤

< 材料 >

无盐黄油40克
水38毫升
牛奶38毫升
盐0.5克
糖5克
低筋面粉25克
高筋面粉25克
鸡蛋75克
巧克力适量
花生碎适量

< 制作步骤 >

煮沸材料 ——— 制作饼干面糊 →

1 将已室温软化的无盐黄油倒入锅中。

2 将水、牛奶、盐及糖依次放入锅中。

3 加热至沸腾，关火。

4 将低筋面粉、高筋面粉过筛到锅中，翻拌至无干粉的状态，降至室温。

——— 整制成形 ——— 入烤箱烘烤 →

5 分2次加入鸡蛋，搅拌均匀至能挂糊的状态。

6 将面糊装入套有裱花嘴的裱花袋里。

7 取烤盘，铺上油纸，在油纸上将面糊挤出数个长条，制成酥条坯。

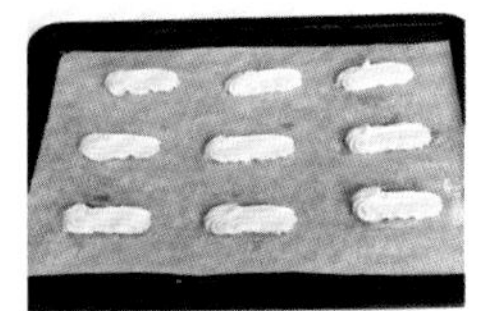

8 喷上少量水，再放入预热至200 ℃的烤箱中层，烤约22分钟至表面上色。

要时刻注意饼干的干湿度，所有的烤箱温度都有所不同。

——— 装饰饼干 ———

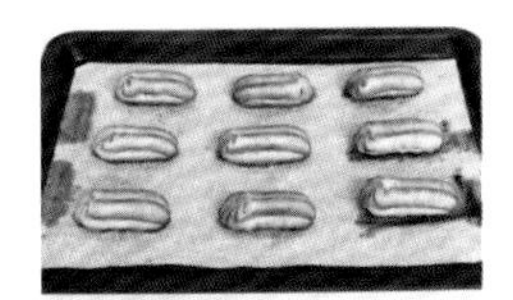

9 待时间到，取出烤好的酥条。

10 将巧克力切碎，装入小奶锅中，再放入装有热水的玻璃碗中隔水熔化。

11 将熔化的巧克力装入裱花袋，用剪刀在尖角处剪个小口。

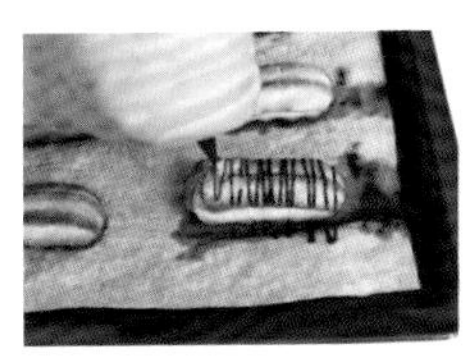

12 将巧克力从左到右来回挤在酥条上，再均匀放上一点花生碎，稍稍放凉后即可食用。

花生脆饼

分量 | 12块
时间 | 烤约25分钟
温度 | 上、下火160℃烘烤

< 材料 >

无盐黄油62克
糖粉50克
盐15克
鸡蛋液20克
低筋面粉85克
奶粉10克
奶香粉85克
花生碎适量

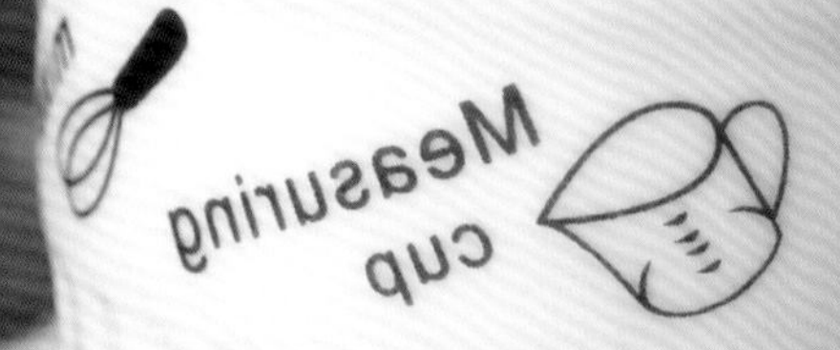

打发黄油和鸡蛋

1 将已室温软化的无盐黄油倒入钢盆中。

2 将糖粉过筛至钢盆中。

3 加入盐，用软刮翻拌均匀。

4 用电动搅拌器搅打至材料呈乳白色。

制作饼干面糊

5 分2次加入鸡蛋液，边倒边搅打均匀。

6 将奶粉、奶香粉过筛至钢盆里。

7 将低筋面粉过筛至钢盆里。

8 以软刮翻拌成无干粉的面糊。

粉类材料使用前需先过筛，让潮湿结块的粉粒松散，成品组织才会细腻。

整制成形

9 将面糊装入套有裱花嘴的裱花袋里。

10 取烤盘，铺上油纸，挤出数个大小一致的造型面糊，制成饼干坯。

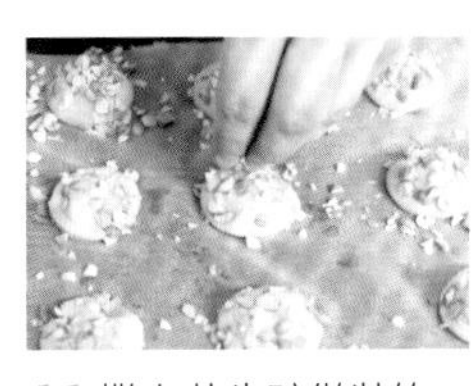

11 撒上花生碎做装饰。

入烤箱烘烤

12 移入预热至160 ℃的烤箱中层，烤25分钟至表面呈金黄色即可。

松子咖啡饼干

分量 | 9块
时间 | 烤约25分钟
温度 | 上、下火140℃烘烤

< 材料 >

●饼干体

无盐黄油62克
糖粉62克
咖啡粉4克
鸡蛋液30克
温水4毫升
低筋面粉90克
奶粉30克

●馅料

砂糖20克
葡萄糖浆19克
水8毫升
松子22克
无盐黄油12克

< 制作步骤 >

打发黄油和鸡蛋 —— 制作饼干面糊 →

1 将已室温软化的无盐黄油倒入钢盆中。

2 将糖粉过筛至钢盆中，用电动搅拌器搅打至呈乳白色。

3 分2次倒入鸡蛋液，边倒边搅打，至无液体状。

4 将咖啡粉与温水混合均匀，加入钢盆中，搅打均匀。

不要过度搅拌面糊，将材料拌匀即可，否则烤出来的饼干口感会干硬。

—— 整制成形 —— 制作馅料 →

5 将低筋面粉、奶粉过筛至钢盆里，以软刮翻拌至无干粉，即成面糊。

6 将面糊装入裱花袋里，在尖角处剪一个小口。

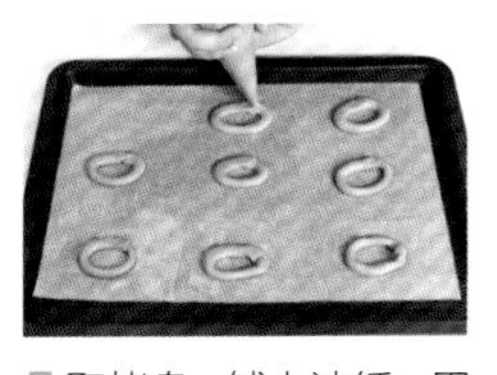

7 取烤盘，铺上油纸，用画圈的方式挤出数个大小一致的造型面糊。

8 将馅料中的水、葡萄糖浆、砂糖依次倒入平底锅中，边加热边搅拌，至砂糖完全溶化。

—— 入烤箱烘烤 ——

9 放入松子拌匀，关火。

10 倒入无盐黄油，拌至溶化，即成馅料。

11 待馅料稍稍冷却后倒入面糊的中间。

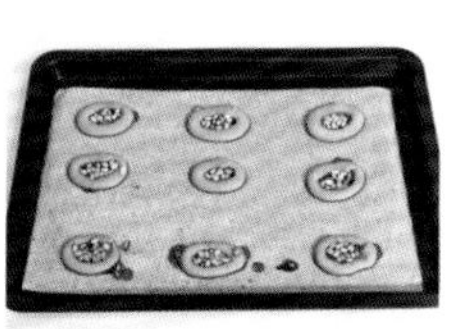

12 将烤盘移入已预热至140 ℃的烤箱中层，烤约25分钟至熟即可。

分量 | 6块
时间 | 烤约30分钟
温度 | 上、下火140℃烘烤

- 无盐黄油60克
- 糖粉50克
- 盐1.5克
- 蛋白15克
- 低筋面粉85克
- 杏仁粉15克
- 夏威夷豆（切碎）40克

<制作步骤>

打发黄油和蛋白

1 将室温软化的无盐黄油倒入钢盆中。

2 将糖粉过筛至钢盆中，用软刮翻拌均匀。

3 加入盐，继续翻拌均匀。

4 分2次加入蛋白，充分拌匀。

将蛋白打发后制作烘烤出来的饼干，口感特别脆硬。

制作饼干面团

5 将低筋面粉、杏仁粉过筛至钢盆里，翻拌至无干粉。

6 以软刮翻拌成面团，取出放在操作台上揉搓至光滑。

整制成形

7 用擀面杖擀成厚薄一致的薄面皮。

8 用模具压出数个饼干坯。

入烤箱烘烤

9 取烤盘，铺上油纸，放上饼干坯，在饼干坯表面撒上夏威夷豆。

10 移入预热至140 ℃的烤箱中层，烤30分钟至熟即可。

分割整形要一致

饼干的塑形，必须在大小、厚度、形状上要求一致，否则会影响成品烘烤后的品质！

咖喱海苔饼

分量 | 12块
时间 | 烤约20分钟
温度 | 上、下火180℃烘烤

< 材料 >

低筋面粉155克
鸡蛋液40克
核桃仁碎30克
熟白芝麻35克
海苔碎3克
无盐黄油80克
糖粉55克
咖喱酱10克
盐1克

< 制作步骤 >

打发黄油和蛋液

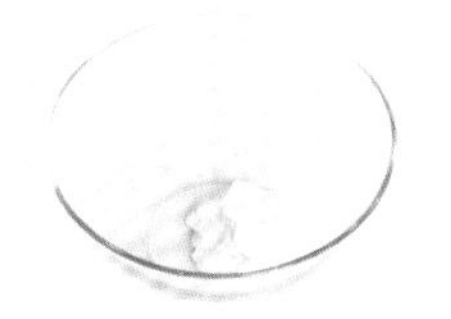

1 将室温软化的无盐黄油倒入大玻璃碗中。

2 将糖粉倒入碗中。

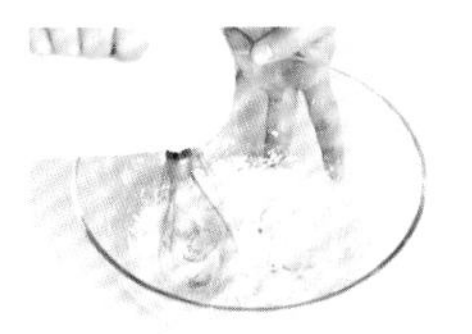

3 用橡皮刮刀翻拌至混合均匀，再改用电动搅拌器搅打均匀。

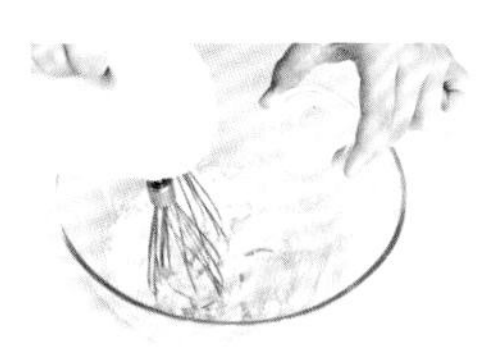

4 倒入盐，搅打均匀。

糖粉易溶于液体中，添加在饼干面团中，可使烤后的成品较不易松散。

制作饼干面团

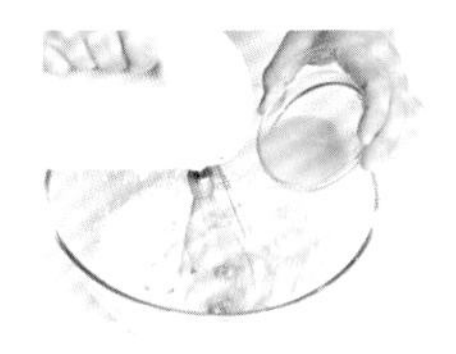

5 分2次倒入鸡蛋液，边倒边搅打均匀。

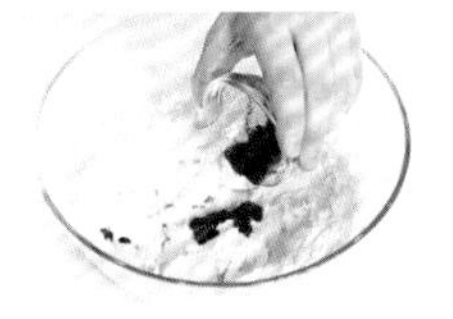

6 放入咖喱酱，搅打均匀。

7 倒入核桃仁碎。

8 将低筋面粉过筛至碗中。

整形装饰

9 用橡皮刮刀翻拌均匀成无干粉的面团，再分成约16克一个的小面团，搓圆。

10 将熟白芝麻和海苔碎混合均匀。

11 将小面团沾裹上一层混合好的白芝麻海苔碎，再放在铺有油纸的烤盘上，轻轻按扁。

入烤箱烘烤

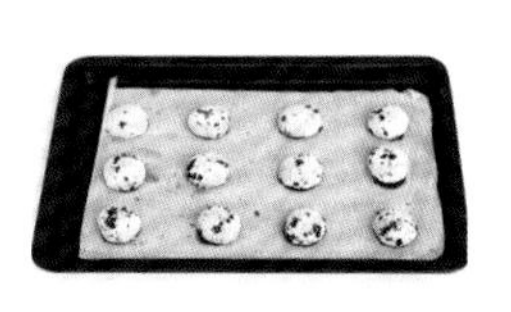

12 将烤盘放入已预热至180 ℃的烤箱中层，烤约20分钟至上色即可。

紫菜饼干

分量 | 8块
时间 | 烤约20分钟
温度 | 上、下火160℃烘烤

< 材料 >

无盐黄油50克
糖粉25克
盐1克
牛奶15毫升
低筋面粉75克
奶粉10克
紫菜碎15克

< 制作步骤 >

拌匀材料

1 将室温软化的无盐黄油倒入钢盆中。

2 将糖粉过筛至钢盆中。

3 往钢盆中加入盐。

4 以软刮翻拌均匀。

制作饼干面团

5 分2次倒入牛奶，边倒边搅拌，拌至无液体状。

6 往钢盆中倒入紫菜碎。

7 将低筋面粉、奶粉过筛至钢盆里。

8 以软刮翻拌至无干粉状。

整制成形

9 用手揉搓成面团，取出后放在铺有高温布的操作台上继续揉搓至光滑。

10 用擀面杖将面团擀成厚薄一致的面皮。

11 分切成大小一致的长方形面皮，制成饼干坯。

入烤箱烘烤

12 取烤盘，铺上油纸，放上饼干坯，再移入已预热至160℃的烤箱中层，烤约20分钟至熟即可。

饼干坯放在烤盘上时，每个饼干坯间需留一些空间。

蒜香辣椒酥饼

分量 | 8块
时间 | 烤约20分钟
温度 | 上、下火170℃烘烤

< 材料 >

低筋面粉160克
玉米碎粒50克
鸡蛋液40克
杏仁40克
蒜香辣椒粉10克
无盐黄油80克
细砂糖60克
盐0.5克

< 制作步骤 >

打发黄油和蛋液

1 将室温软化的无盐黄油倒入大玻璃碗中。

2 将细砂糖、盐倒入大玻璃碗中。

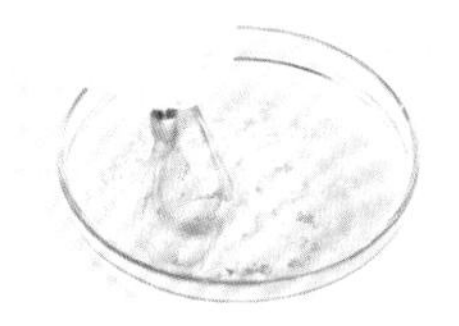

3 用橡皮刮刀翻拌至混合均匀，再改用电动搅拌器搅打均匀。

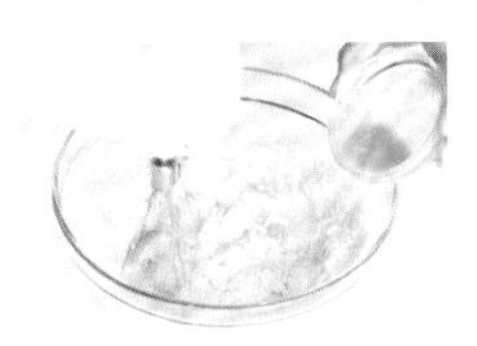

4 分2次倒入鸡蛋液。

制作饼干面团

5 边倒边搅打均匀。

6 将低筋面粉过筛至碗里，用橡皮刮刀翻拌均匀。

7 制成无干粉的面团，再分成约20克一个的小面团，搓圆后裹上玉米碎粒，放在铺有油纸的烤盘上。

整形装饰

8 将杏仁轻压在小面团表面。

用手整形的饼干也要厚薄一致，边缘不要过薄。

入烤箱烘烤

9 撒上蒜香辣椒粉。

10 将烤盘放入已预热至170 ℃的烤箱中层，烤约20分钟，取出即可。

手整塑形

直接用手将面团捏制成所需的形状，适用于质地较硬的面团类饼干！

蕾丝葡萄饼

分量 | 12块
时间 | 烤约18分钟
温度 | 上、下火170℃烘烤

< 材料 >

低筋面粉65克	无盐黄油50克
面包糠50克	糖粉60克
椰子粉15克	葡萄干20克
鸡蛋液20克	盐0.5克

<制作步骤>

打发黄油和蛋液

1 将室温软化的无盐黄油、糖粉、盐倒入大玻璃碗中。

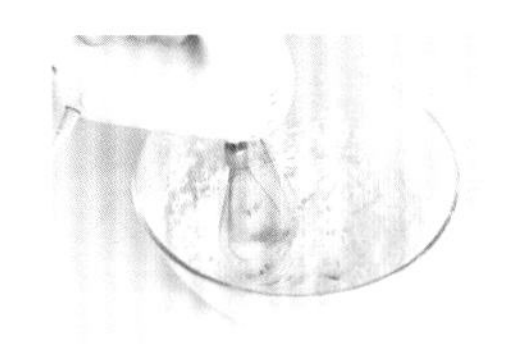

2 用电动搅拌器搅打均匀。

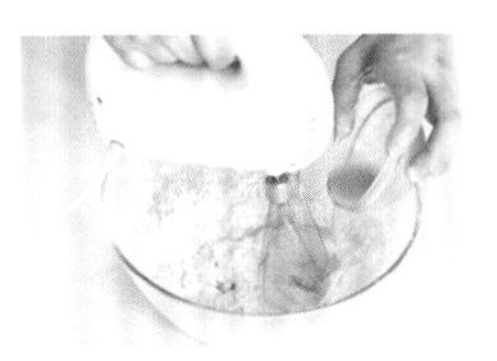

3 分2次倒入鸡蛋液，边倒边搅打均匀。

制作饼干面团

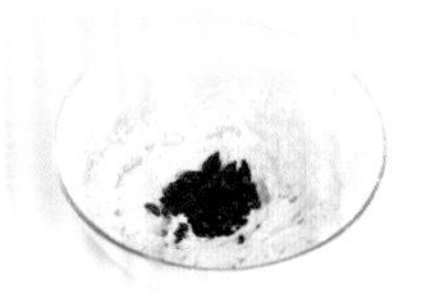

4 倒入葡萄干。

葡萄干事先用朗姆酒浸泡可增加香气口感。

5 将低筋面粉、椰子粉过筛至碗里。

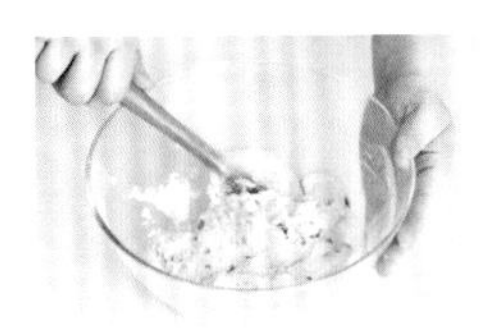

6 用橡皮刮刀翻拌成无干粉的面团。

整形装饰

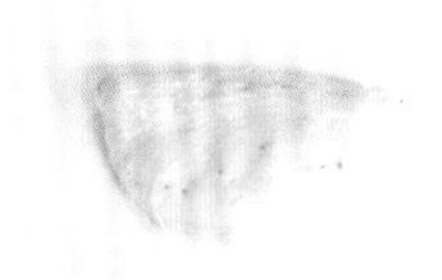

7 取出面团放在铺有保鲜膜的操作台上，再用保鲜膜包裹住面团，放入冰箱冷藏约30分钟。

8 取出冷藏好的面团，撕掉保鲜膜，再将面团分成12克一个的小球，沾裹上一层面包糠，制成饼干坯。

入烤箱烘烤

9 将饼干坯放在铺有油纸的烤盘上。

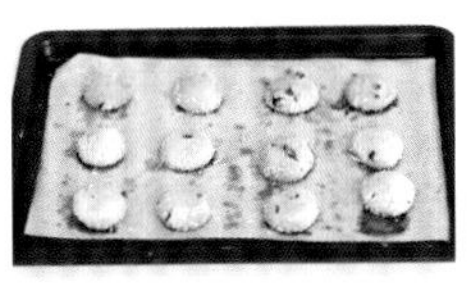

10 将烤盘放入已预热至170℃的烤箱中层，烤约18分钟即可。

预热的方法

将烤箱调到所需的温度，不放任何食物，空烤大约10分钟，所需温度越高，预热的时间就越长。

无花果奶酥

分量 | 8块
时间 | 烤约25分钟
温度 | 上、下火160℃烘烤

< 材料 >

无盐黄油63克
糖粉50克
鸡蛋液20克
牛奶10毫升
低筋面粉85克
杏仁粉10克
无花果碎适量

打发黄油和蛋液

1 将室温软化的无盐黄油倒入钢盆中。

2 将糖粉过筛至钢盆里，用橡皮刮刀翻拌均匀。

3 用电动搅拌器搅打至材料呈乳白色状。

4 分2次加入鸡蛋液，边倒边搅打。

制作饼干面团

5 倒入牛奶，搅打均匀。

6 将低筋面粉、杏仁粉过筛至钢盆里，用电动搅拌器搅打至无干粉状。

7 加入切碎的无花果，用橡皮刮刀翻拌均匀成面团。

整制成形

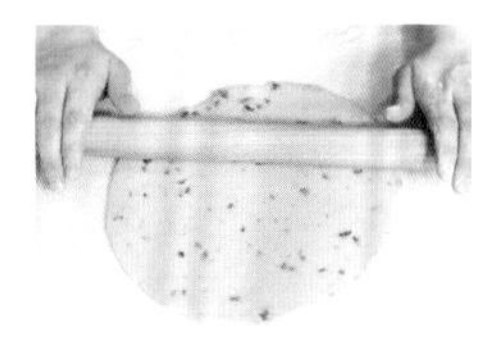

8 操作台上铺上保鲜膜，放上面团，用擀面杖擀成厚度约为0.4厘米的薄面皮。

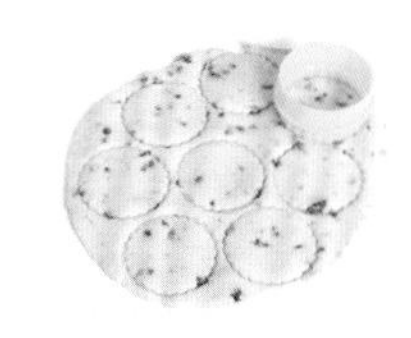

9 用花形模具按压出数个饼干坯。

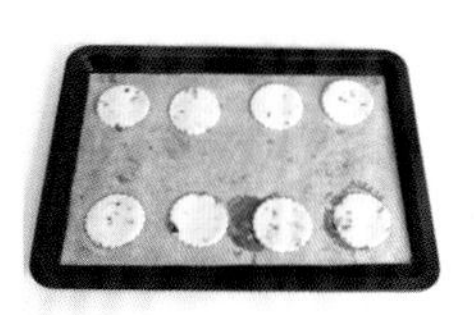

10 将饼干坯放在铺有油纸的烤盘上。

11 用叉子在表面戳上小孔。

入烤箱烘烤

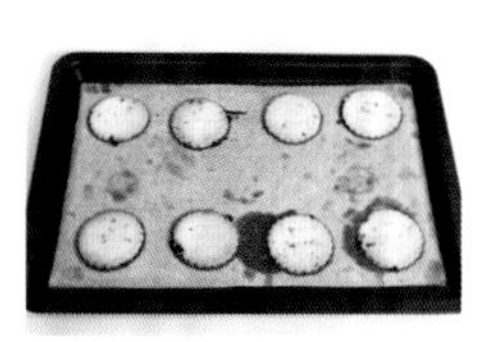

12 移入已预热至160℃的烤箱中层，烤约25分钟至表面上色，取出烤好的无花果奶酥，稍稍放凉后即可食用。

压模前先将模具沾取少许面粉再压，会比较容易脱模。

表面戳上小孔是为了防止饼干受热膨胀而造成龟裂。

芝麻玉米燕麦饼

分量 | 11块
时间 | 烤约15分钟
温度 | 上、下火180℃烘烤

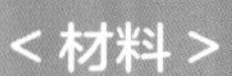

< 材料 >

低筋面粉155克
玉米片50克
黑芝麻15克
燕麦20克
鸡蛋液45克
无盐黄油85克
糖粉75克
细砂糖60克
盐0.5克

< 制作步骤 >

打发黄油和蛋液

1 将室温软化的无盐黄油、糖粉、细砂糖、盐倒入大玻璃碗中。

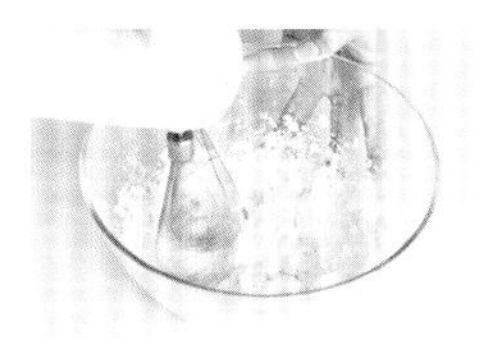

2 用电动搅拌器搅打均匀至蓬松发白。

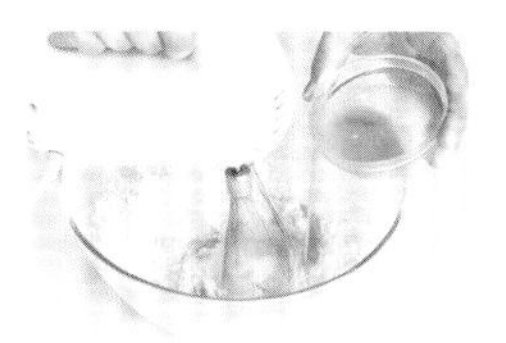

3 分2次倒入鸡蛋液，边倒边搅打均匀。

制作饼干面团

4 将低筋面粉过筛至碗里。

5 倒入玉米片、燕麦、黑芝麻。

6 用橡皮刮刀翻拌均匀成面团。

整制成形

7 取出面团放在铺有保鲜膜的操作台上，再用保鲜膜包裹住面团，放入冰箱冷藏约30分钟。

8 取出冷藏好的面团，将其分成15克一个的小球，搓圆后放在铺有油纸的烤盘上。

9 用手将其按扁。

入烤箱烘烤

10 将烤盘放入已预热至180 ℃的烤箱中烤15分钟即可。

按扁时饼干坯边缘不可过薄，否则容易烤焦。

饼干的保存

饼干出炉、完全放凉后，须尽快将其放入密封的玻璃罐、塑料盒或塑料袋中，以免在室温下吸收湿气而变软！

香果长条饼干

分量 | 8条
时间 | 烤约18分钟
温度 | 上、下火170℃烘烤

< 材料 >

高筋面粉78克
低筋面粉78克
鸡蛋液35克
蛋白12克
奶粉10克
无盐黄油60克
糖粉30克
蔓越莓干（切碎）8克
玉米片8克
开心果碎8克
盐1克

< 制作步骤 >

打发黄油和蛋液 ——→

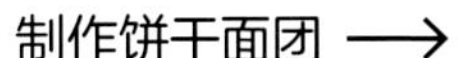

1 将室温软化的无盐黄油、糖粉倒入大玻璃碗中，用橡皮刮刀翻拌均匀。

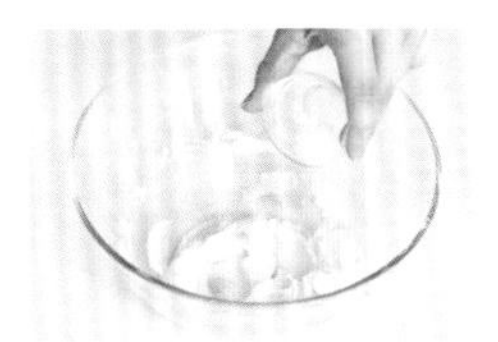

2 倒入盐，用电动搅拌器将碗中材料搅打均匀。

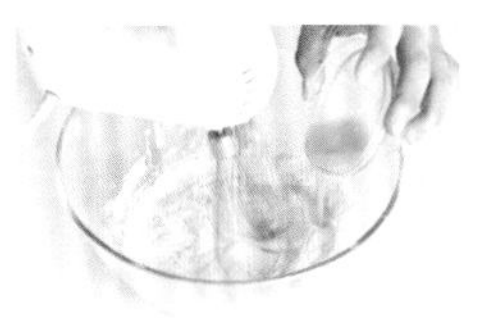

3 分2次倒入鸡蛋液，边倒边搅打均匀。

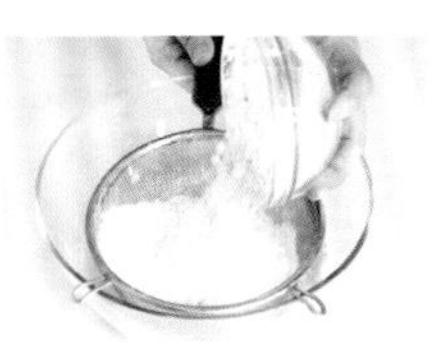

4 将高筋面粉、低筋面粉、奶粉过筛至碗里。

整形装饰

5 用橡皮刮刀翻拌均匀成无干粉的面团。

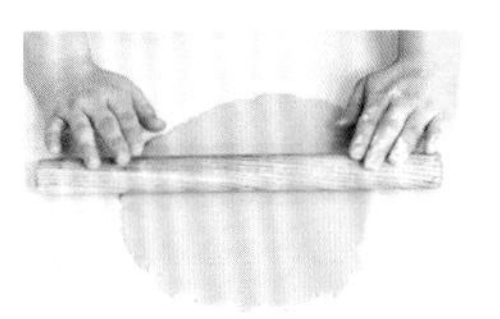

6 取出面团放在干净的操作台上揉搓一会儿，用擀面杖擀成厚薄一致的薄面皮。

面皮的厚度保持在0.4 ~ 1厘米。

7 用刀切掉四周多余的面皮，剩下一块正方形的面皮。

8 用刷子将蛋白刷在面皮表面。

入烤箱烘烤

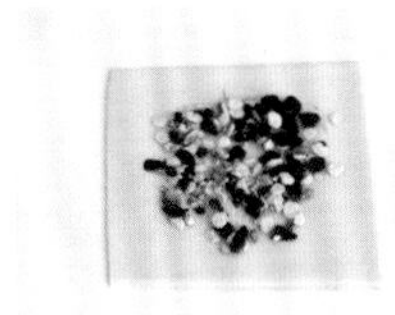

9 放上蔓越莓干、玉米片、开心果碎。

蔓越莓干事前用朗姆酒浸泡可增加口感。

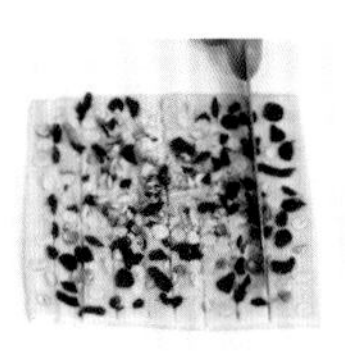

10 用刀将面皮分切成宽约1厘米的长条，制成饼干坯。

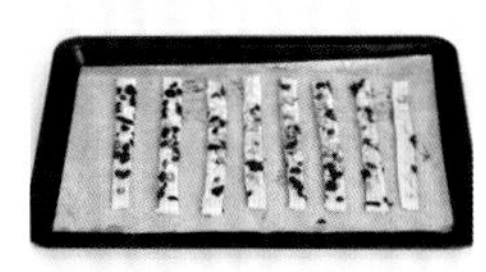

11 将饼干坯放在铺有油纸的烤盘上。

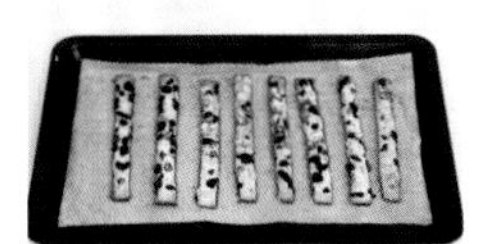

12 将烤盘放入已预热至170℃的烤箱中层，烤约18分钟即可。

杏仁意式脆饼

分量 | 8块
时间 | 烤约20分钟
温度 | 上、下火180℃烘烤

< 材料 >

低筋面粉75克
高筋面粉75克
蛋黄（2个）36克
蛋白（1个）35克
无盐黄油60克
香草糖浆1克
泡打粉2克
细砂糖30克
杏仁片适量

< 制作步骤 >

打发黄油和蛋液

制作饼干面团

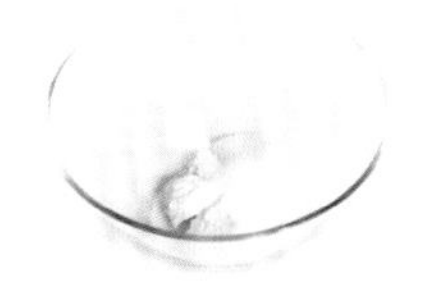

1 将室温软化的无盐黄油和细砂糖倒入大玻璃碗中，用橡皮刮刀翻拌均匀。

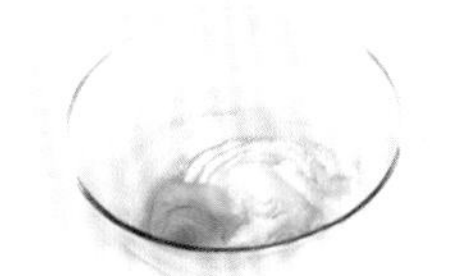

2 倒入蛋黄和蛋白，再放入香草糖浆，用手动搅拌器搅打均匀。

3 倒入杏仁片，继续搅拌均匀。

4 将高筋面粉、低筋面粉、泡打粉过筛至碗里。

整形和烘烤

5 用橡皮刮刀翻拌成无干粉的面团，取出面团放在干净的操作台上。

6 将其揉搓成纺锤状，放入冰箱冷藏约60分钟至变硬。

注意冷藏时面团要盖上保鲜膜或放入塑料袋，以免表面干燥结皮。

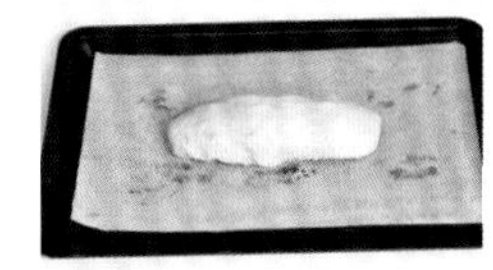

7 取出冻硬的面团，放在铺有油纸的烤盘上。

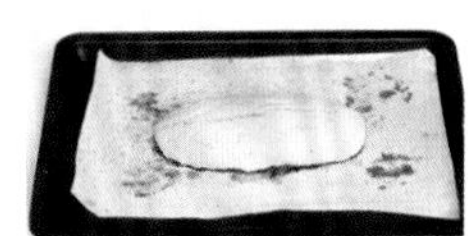

8 将烤盘放入已预热至180℃的烤箱中层，烤约10分钟。

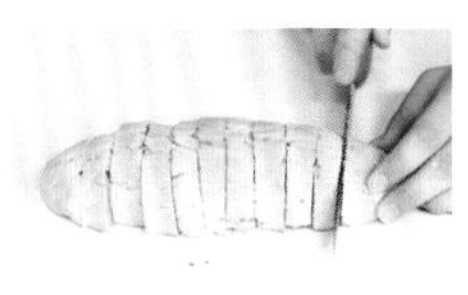

9 取出烤盘，放凉至室温，将烤过的面团切成厚度约为1.5厘米的圆片状。

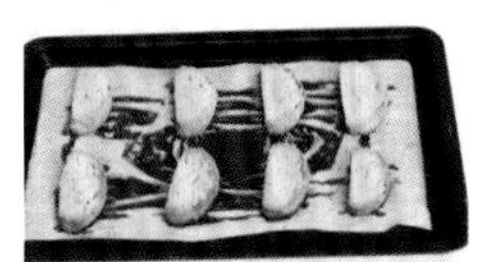

10 将切好的饼干片再放回到油纸上，放入烤箱续烤约10分钟即可。

恢复酥脆口感的方法

手工饼干密封保存期约三个星期，如果饼干受潮变软，可以将其放回烤箱，用低温烘烤，就可以恢复酥脆的口感。

花形焦糖杏仁

分量 | 8块
时间 | 烤18～20分钟
温度 | 上、下火150℃烘烤

< 材料 >

● 饼干体

有盐黄油65克
糖粉40克
淡奶油15克
浓缩咖啡酱3克
低筋面粉105克

● 焦糖杏仁馅

细砂糖45克
麦芽糖22.5克
蜂蜜7.5克
淡奶油7.5克
有盐黄油15克
杏仁碎33克

打发黄油

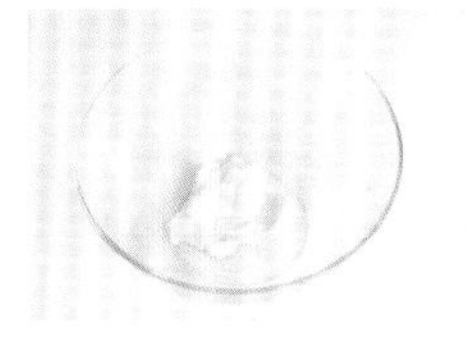

1 将室温软化的有盐黄油倒入大玻璃碗中。

2 放入一半糖粉，用橡皮刮刀翻拌均匀。

3 将剩余糖粉放入翻拌均匀的有盐黄油和糖粉中，搅拌均匀再以搅拌器稍微打发。

制作饼干面团

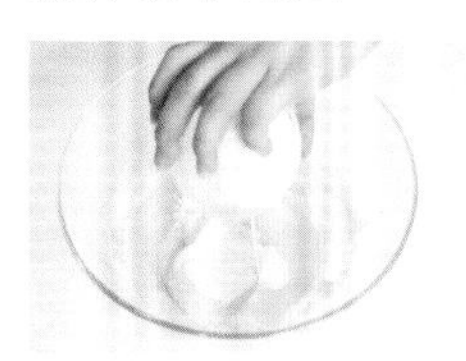

4 倒入淡奶油，搅拌均匀。

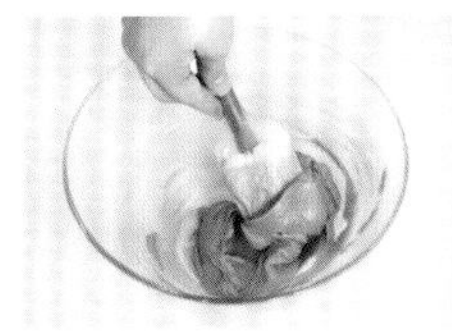

5 加入浓缩咖啡酱，搅拌均匀。

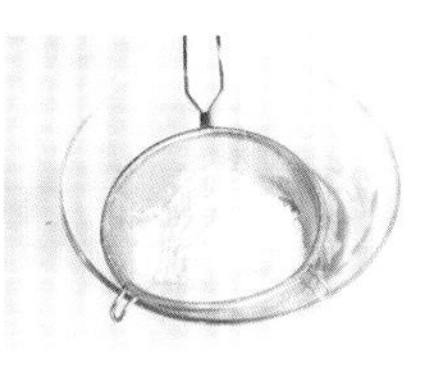

6 筛入低筋面粉，搅拌成均匀的面团。

压模整形

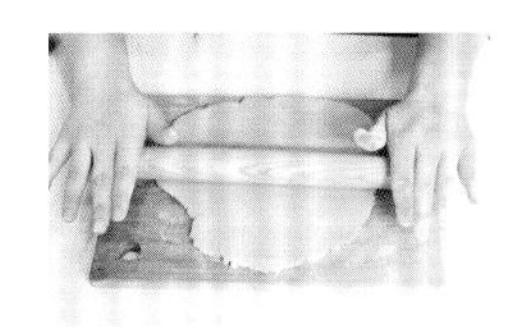

7 用擀面杖将面团擀成面皮，再用花形模具裁切出花形面皮。

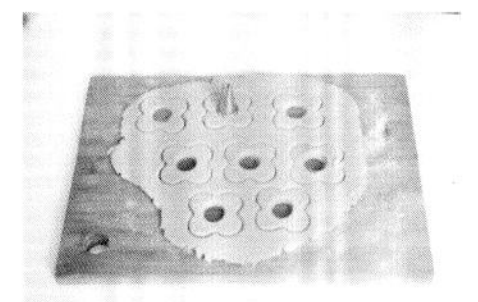

8 用小圆形模具（2厘米）在花形面皮中间抠掉一个圆形，放入冰箱冷藏。

放入冰箱冷藏是为了让面皮定型与松弛。

制作馅料

9 将细砂糖、麦芽糖、蜂蜜和淡奶油、有盐黄油放进锅里煮。

10 煮至细砂糖溶化再加入杏仁碎搅拌均匀，制成焦糖杏仁馅。

装饰和烘烤

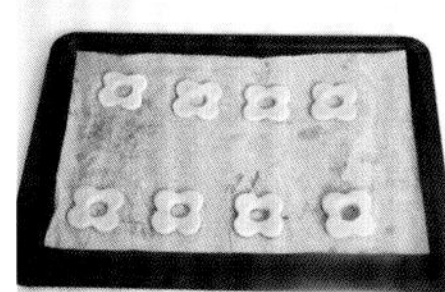

11 取出花形面皮，放入铺有油纸的烤盘中，在花形面皮中间放上焦糖杏仁馅。

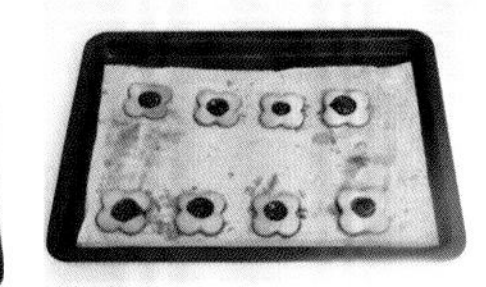

12 最后放进预热至150℃的烤箱中烘烤18~20分钟即可。

夏日西瓜饼干

分量 | 16块
时间 | 烤约15分钟
温度 | 上、下火175℃烘烤

< 材料 >

无盐黄油80克
糖粉40克
低筋面粉130克
泡打粉2克
奶粉30克
盐1克
鸡蛋液30克
抹茶粉8克
草莓粉8克
黑芝麻少许

< 制作步骤 >

打发黄油和鸡蛋 —— 制作饼干面团 →

1 将无盐黄油、糖粉倒入大玻璃碗中，用橡皮刮刀翻拌几下。

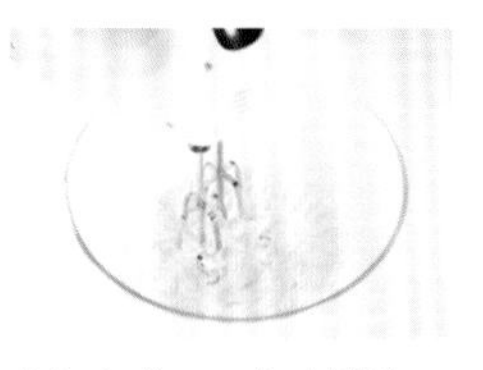

2 加入盐，用电动搅拌器搅打至混合均匀。

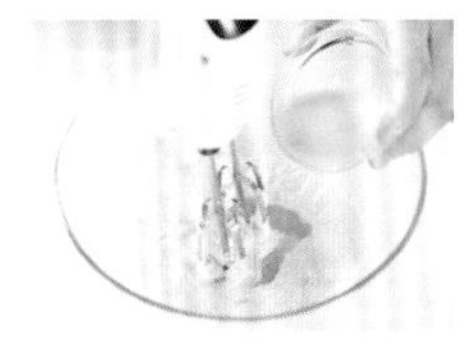

3 分2次倒入鸡蛋液，均用电动搅拌器搅打至混合均匀。

4 将奶粉、泡打粉、低筋面粉过筛至碗里，用橡皮刮刀翻拌成原味面团。

—— 整制成形 →

5 取三分之一原味面团，按扁后放上抹茶粉揉匀，搓圆，制成抹茶面团。

6 再取三分之一原味面团，按扁后放上草莓粉，揉匀，搓圆搓成圆柱状，制成草莓面团。

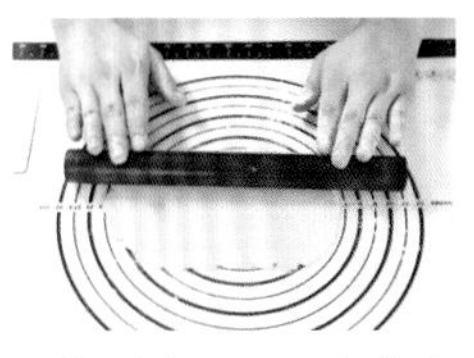

7 将剩余面团取出放在干净的操作台上，用擀面杖擀成厚薄一致的薄面皮。

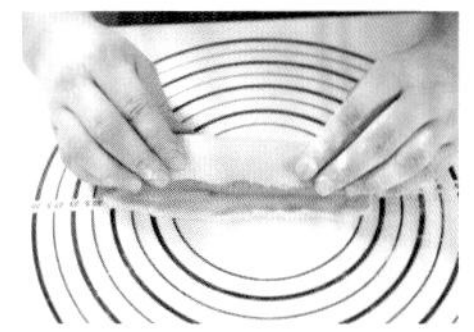

8 放上草莓面团，将原味面皮包裹住草莓面团，用刀修剪一下两端。

抹茶粉颜色比较鲜亮，绿茶粉比较暗黑。

—— 装饰和烘烤 ——

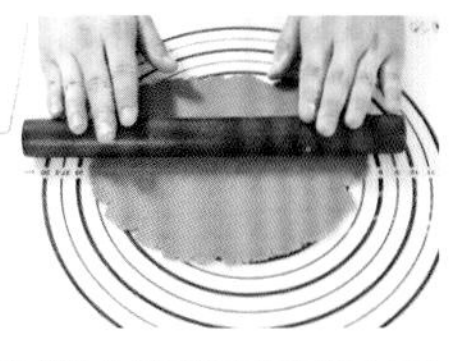

9 取出抹茶面团放在操作台上，用擀面杖擀成厚薄一致的薄面皮。

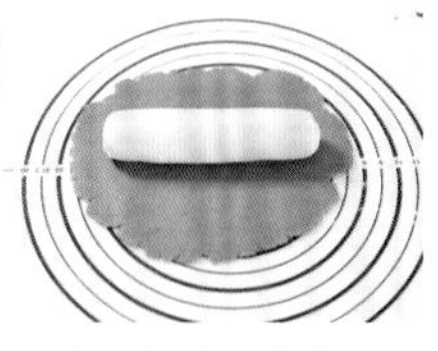

10 放上包裹了草莓面团的原味面团，滚成一个圆柱状的面团，用刀修剪一下两端。

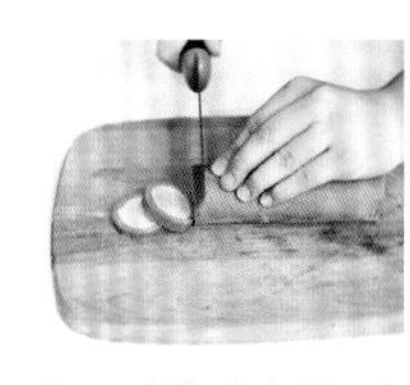

11 放入冰箱冷冻约2个小时至变硬，取出冷冻好的面团，切成厚薄一致的片，再对半切开。

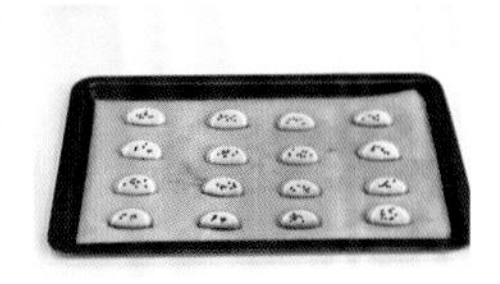

12 放在铺有油纸的烤盘上摆好，撒上黑芝麻，制成西瓜饼干坯，放入已预热至175℃的烤箱中层，烤约15分钟即可。

第三章
蛋糕类

精致的外形、绵软的口感、丰富的味道，
让蛋糕备受大众的喜爱。
生日聚会上它是必备的甜品，
下午茶时间它是重要的主角之一。
开心的时候可以吃，不开心的时候更要吃。
喜欢吃蛋糕的你，不妨亲手做做看！

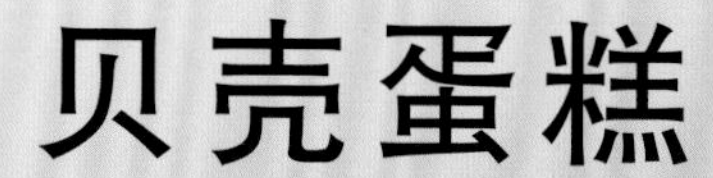

贝壳蛋糕

分量 | 6块
时间 | 烤约13分钟
温度 | 上、下火180℃烘烤

< 材料 >

低筋面粉100克
无盐黄油100克
鸡蛋（2个）110克
橙皮丁25克
细砂糖60克
泡打粉3克

<制作步骤>

鸡蛋打发

制作蛋糕糊

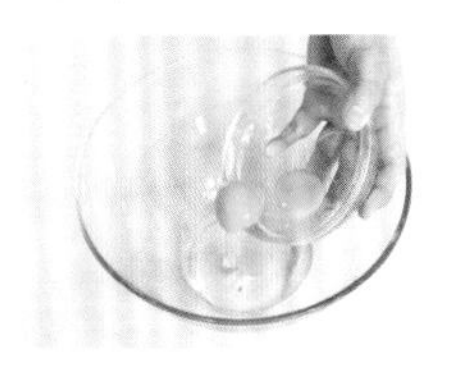

1 将鸡蛋倒入大玻璃碗中。

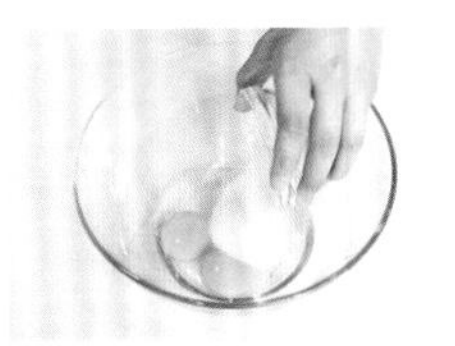

2 加入细砂糖，用手动搅拌器搅拌均匀。

3 将低筋面粉、泡打粉过筛至大玻璃碗中。

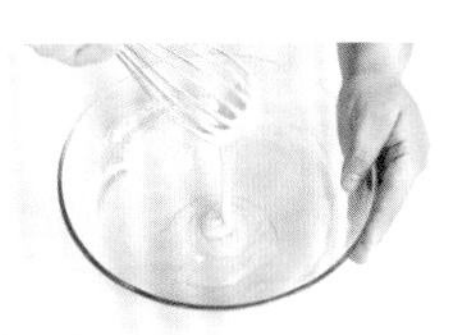

4 用手动搅拌器搅拌至无干粉，制成面糊。

入模烘烤

5 将无盐黄油倒入不锈钢锅中，再隔热水搅拌至熔化。

6 将熔化的无盐黄油倒入面糊中，用手动搅拌器搅拌均匀。

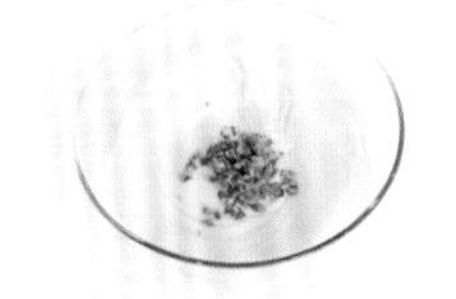

7 倒入橙皮丁，用橡皮刮刀翻拌均匀制成蛋糕糊。

8 将蛋糕糊装入裱花袋里，用剪刀在裱花袋尖端处剪一个小口。

蛋糕糊放冰箱冷藏，松弛后再烘烤，烤出来的蛋糕风味更好。

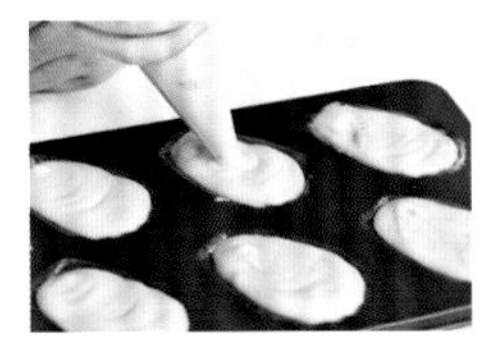

9 取玛德琳模具，刷上少许熔化的无盐黄油（分量外的），挤上蛋糕糊，放入烤盘。

10 将烤盘放入已预热至180℃的烤箱中层，烤约13分钟即可。

食用方法

做好的蛋糕放置一天后再食用，味道会更融合，滋味会更好。

苹果奶酥磅蛋糕

分量 | 1个
时间 | 烤约20分钟
温度 | 上、下火180 ℃烘烤

< 材料 >

●苹果馅

苹果半个（200克）
细砂糖30克
肉桂粉6克

●蛋糕体

无盐黄油100克
细砂糖80克
鸡蛋2个
低筋面粉100克
泡打粉0.5克

●奶酥

无盐黄油6克
细砂糖6克
杏仁粉6克

< 制作步骤 >

制作苹果馅 —— 制作蛋糕糊 →

1 将苹果去皮去籽再切成约1厘米的小碎块。

2 将锅加热，倒入苹果块和细砂糖，用橡皮刮刀翻炒均匀。

3 关火时加入肉桂粉拌匀，制成苹果馅，盛入碗中，置一边放凉。

4 将无盐黄油倒入搅打盆中，再倒入细砂糖，用橡皮刮刀搅拌均匀。

苹果选择熟透的风味更佳。

—— 制作奶酥 →

5 分次倒入鸡蛋并用搅拌器搅拌，再加入泡打粉。

6 筛入低筋面粉，用搅拌器拌匀，加入苹果馅，搅拌均匀，制成蛋糕糊。

7 将蛋糕糊以中间低周围高的“U”字方式倒入铺好油纸的磅蛋糕模具中。

8 将无盐黄油和细砂糖倒入搅打盆中，用橡皮刮刀搅拌均匀。

搅拌混合粉类时注意不要过度搅拌，以免产生筋性，影响口感。

—— 入烤箱烘烤 ——

9 倒入杏仁粉，搅拌均匀，制成奶酥。

10 将奶酥用搓皮刀削进磅蛋糕模具中，用刀在磅蛋糕中间割一刀。

11 放进预热至180 ℃的烤箱中烘烤约20分钟。

12 取出，撕去油纸，切块即可。

大理石磅蛋糕

分量 | 1个
时间 | 烤25～30分钟
温度 | 上、下火180℃烘烤

< 材料 >

●材料 A

无盐黄油120克
细砂糖60克
鸡蛋100克

●材料 B

低筋面粉40克
泡打粉1克

●材料 C

低筋面粉35克
可可粉5克
泡打粉1克

●材料 D

低筋面粉35克
抹茶粉5克
泡打粉1克

<制作步骤>

打发黄油 —— 制作蛋糕糊 →

1 将材料A中室温软化的无盐黄油倒入搅拌盆中。

2 加入细砂糖，拌匀。

3 用电动搅拌器打发。

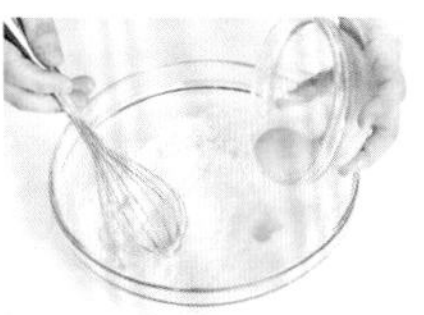

4 分2次加入鸡蛋，搅拌均匀，分成3份。

加入蛋液时每次都要搅拌至蛋液完全被吸收后再加入蛋液。

5 一份筛入材料B中的低筋面粉及泡打粉。

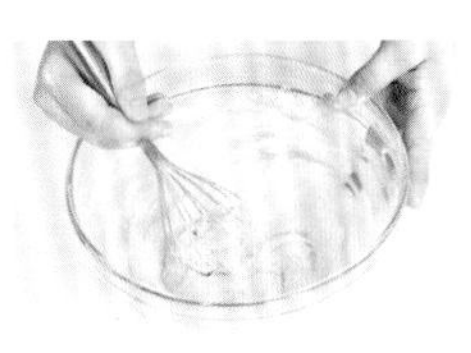

6 搅拌均匀，制成原味蛋糕糊。

7 一份筛入材料C中的低筋面粉、泡打粉及可可粉。

8 搅拌均匀，制成可可蛋糕糊。

入模烘烤

9 最后一份筛入材料D中的低筋面粉、泡打粉及抹茶粉。

10 搅拌均匀，制成抹茶蛋糕糊。

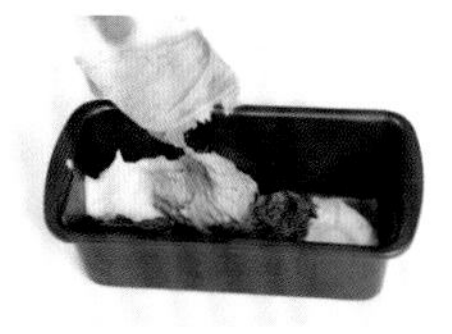

11 将原味蛋糕糊、可可蛋糕糊及抹茶蛋糕糊依次倒入铺好油纸的模具中、抹匀。

12 放入预热至180℃的烤箱中烘烤25~30分钟，取出，放凉，脱模即可。

蛋糕烤好后，等完全冷却或冷藏一下再切片，才不会松散掉。

君度橙酒巧克力蛋糕

分量 | 6个
时间 | 烤12~15分钟
温度 | 上、下火170℃烘烤

< 材料 >

●蛋糕体

鸡蛋72克
细砂糖45克
低筋面粉39克
杏仁粉26克
可可粉9克
泡打粉1克
无盐黄油52克
黑巧克力32克
君度橙酒8毫升

●巧克力馅

黑巧克力15克
淡奶油100克
细砂糖15克

●巧克力淋面酱

牛奶120毫升
黑巧克力100克
蜂蜜20克
淡奶油30克
吉利丁片1片

●装饰

橙皮丁适量
开心果碎适量

< 制作步骤 >

预先准备 —— 制作蛋糕糊 →

1 在玛芬模具（6个装）内刷上一些熔化的黄油（分量外的）。

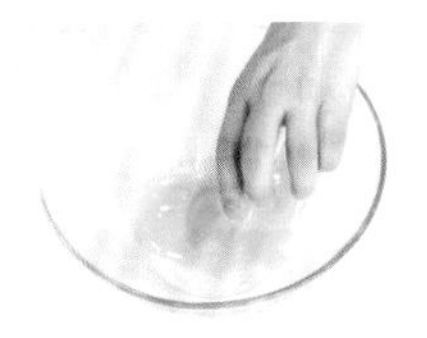

2 将蛋糕体材料中的鸡蛋和细砂糖放入玻璃碗中。

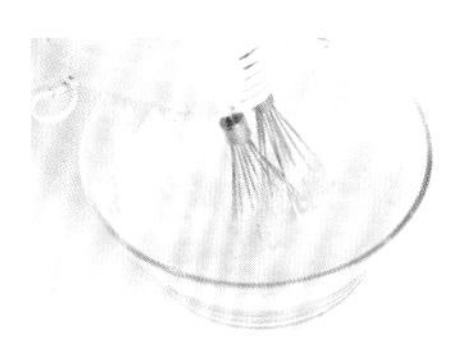

3 用搅拌器将鸡蛋打发至乳白色，泡沫蓬松。

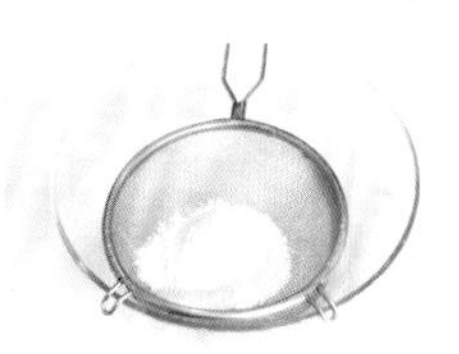

4 筛入低筋面粉、杏仁粉、可可粉、泡打粉，翻拌均匀，再倒入君度橙酒拌匀成蛋糕糊。

入模烘烤 —— 制作巧克力馅 ——

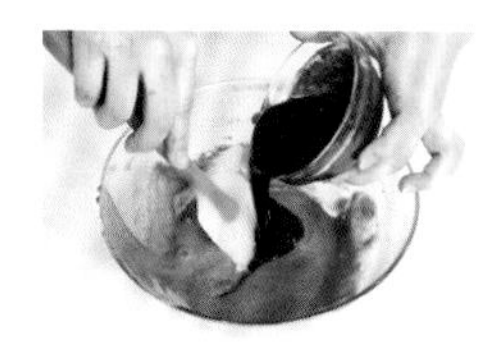

5 将黄油和黑巧克力加热熔化后倒入蛋糕糊中，搅拌均匀后装入裱花袋中。

6 将面糊注入玛芬模具中约七分满，放入预热至170 ℃的烤箱中烘烤12~15分钟。

7 取出脱模后马上刷上橙酒（分量外的），静置冷却，制成蛋糕基底。

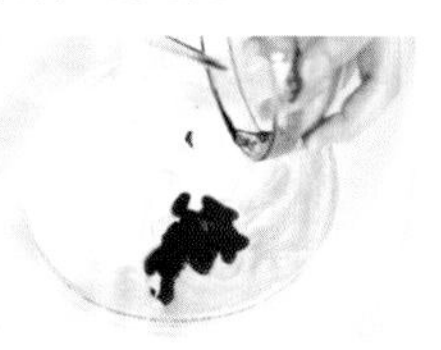

8 将巧克力馅材料中的淡奶油和细砂糖打发，加入熔化的黑巧克力拌匀，再装入裱花袋中。

制作巧克力淋面酱 —— 装饰蛋糕 ——

9 将牛奶、蜂蜜、黑巧克力装入碗中，隔热水溶化，加入淡奶油，搅拌均匀，制成巧克力淋面酱。

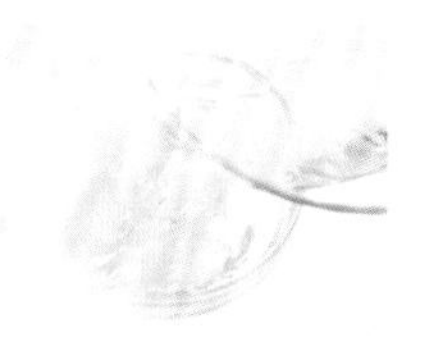

10 将吉利丁片放入玻璃碗中，倒入热水，泡软，倒入巧克力淋面酱中，搅拌均匀，备用。

11 将裱花袋中的巧克力馅挤在蛋糕基底上。

12 再将巧克力淋面酱淋在表面，最后再装饰上橙皮丁和开心果碎即可。

迷你布朗尼

分量 | 12个
时间 | 烤约15分钟
温度 | 上、下火165℃烘烤

< 材料 >

低筋面粉90克
可可粉10克
黄砂糖50克
葡萄糖浆20克
盐0.5克
泡打粉1克
鸡蛋液100克
无盐黄油80克
黑巧克力50克
胡桃适量
杏仁适量
开心果适量
腰果适量

< 制作步骤 >

制作面糊

1 将蛋液放入备好的玻璃碗中，加入黄砂糖、葡萄糖浆和盐，搅拌均匀。

2 往玻璃碗中筛入低筋面粉。

3 筛入可可粉和泡打粉。

4 用橡皮刮刀搅拌均匀，制成面糊。

熔化巧克力和黄油

5 将黑巧克力放入小玻璃碗中。

6 加入无盐黄油，放入微波炉中加热至巧克力和无盐黄油完全熔化。

制作蛋糕糊

7 将熔化的黑巧克力和无盐黄油倒入面糊中，搅拌均匀，制成蛋糕糊。

8 将蛋糕糊装入裱花袋中，用剪刀剪开裱花袋一个小口。

入模烘烤

9 在模具上涂上少许无盐黄油，再挤入八分满的蛋糕糊，并放上胡桃、杏仁、开心果、腰果。

10 最后放入预热至165℃的烤箱中烘烤约15分钟，取出脱模即可。

蛋糕表面可以撒上防潮的可可粉或糖粉。

熔化巧克力 vs. 可可粉

布朗尼配方一向分为两大派：用熔化巧克力的和用可可粉的。只用可可粉制作的布朗尼口感较韧有嚼劲，同时更干燥易碎，而加了熔化的巧克力的口感则会更柔润。

什锦果干奶酪蛋糕

分量 | 1个
时间 | 烤约35分钟
温度 | 上、下火170℃烘烤

< 材料 >

什锦果干 70克
核桃仁30克
白兰地80毫升
奶油奶酪125克
无盐黄油50克
细砂糖50克
鸡蛋75克
牛奶30毫升
低筋面粉120克
泡打粉2克
盐1克

预先准备 —— 制作蛋糕糊 →

1 将什锦果干洗净，用白兰地浸泡一夜。

2 将室温软化的奶油奶酪倒入搅拌盆中。

3 加入细砂糖拌匀。

4 加入室温软化的无盐黄油，继续搅拌至无颗粒状态。

其他冷藏材料，如蛋、乳制品等，最好也能够回温后再使用。

5 筛入低筋面粉及泡打粉，用橡皮刮刀搅拌均匀。

6 加入盐，搅拌均匀。

7 分2次倒入鸡蛋，搅拌均匀。

8 加入牛奶，搅拌均匀。

入模烘烤

9 放入浸泡后的什锦果干及核桃仁，搅拌均匀，制成蛋糕糊。

10 在模具内部涂抹一层黄油（分量外的）。

11 将蛋糕糊倒入其中，放进预热至170 ℃的烤箱中烘烤约35分钟。

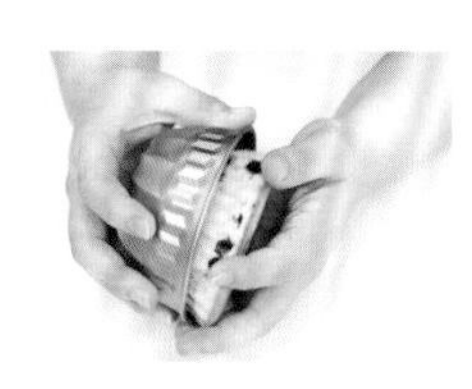

12 烤至蛋糕表面金黄，取出，放凉，脱模即可。

面糊烘烤受热后会膨胀，因此模具中填入的面糊八分满即可。

巧克力玛芬

分量 | 6个
时间 | 烤约25分钟
温度 | 上、下火185 ℃烘烤

< 材料 >

低筋面粉140克
鸡蛋（2个）110克
无盐黄油69克
牛奶100毫升
细砂糖50克
盐1克
巧克力豆15克

< 制作步骤 >

打发黄油和鸡蛋

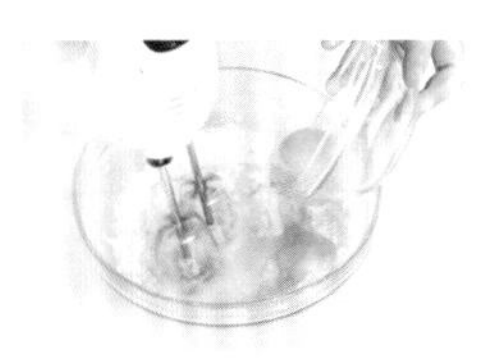
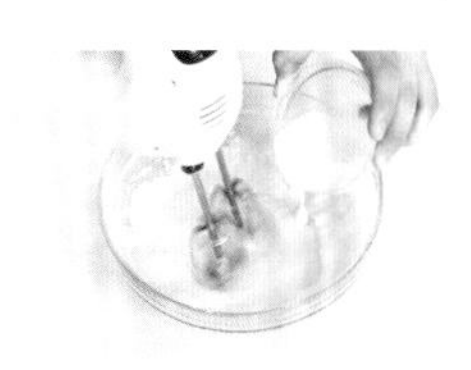

1 将无盐黄油、细砂糖倒入大玻璃碗中。

2 加入盐，用橡皮刮刀翻拌均匀。

3 分2次倒入鸡蛋，均用电动搅拌器搅打均匀。

4 倒入牛奶，边倒边用电动搅拌器搅打均匀。

搅拌打发时，可以用隔水加热的方式搅拌，以加速蛋的起泡性。

制作面糊

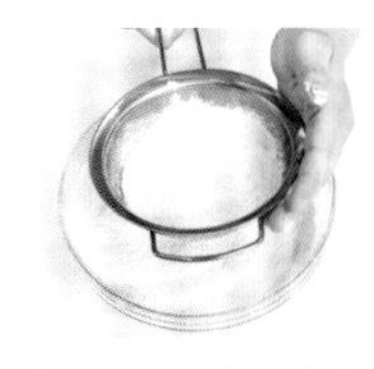

5 将低筋面粉过筛至碗里。

6 用橡皮刮刀翻拌均匀成无干粉的面糊。

7 将面糊装入裱花袋里，用剪刀在裱花袋尖端处剪一个小口。

入模烘烤

8 取烤盘，放上蛋糕模具，放入纸杯，再逐一挤入面糊。

9 均匀撒上巧克力豆，轻震几下。

10 将烤盘放入已预热至185 ℃的烤箱中层，烤约25分钟，取出，脱模即可。

美味的保存方式

一些常温蛋糕放室温下2～3天，也能维持既有的美味，若置于冰箱则可延长保存时间5～7天。

蓝莓玛芬蛋糕

分量 | 6个
时间 | 烤约25分钟
温度 | 上、下火180℃烘烤

< 材料 >

●酥皮

无盐黄油25克
细砂糖25克
低筋面粉50克

●蛋糕糊

低筋面粉140克
无盐黄油65克
鸡蛋（1个）55克
蓝莓80克
淡奶油100克
柠檬皮屑5克
细砂糖60克
盐1克
泡打粉2克

< 制作步骤 >

制作酥皮——打发黄油和鸡蛋→

1 将无盐黄油、细砂糖倒入大玻璃碗中，用橡皮刮刀搅拌均匀。

2 将低筋面粉过筛至碗里，用橡皮刮刀翻拌均匀成面团，制成酥皮。

3 用保鲜膜包住酥皮，静置片刻，去掉保鲜膜，切成粒。

4 将无盐黄油、细砂糖、盐倒入干净的大玻璃碗中，用橡皮刮刀拌匀。

——制作蛋糕糊→

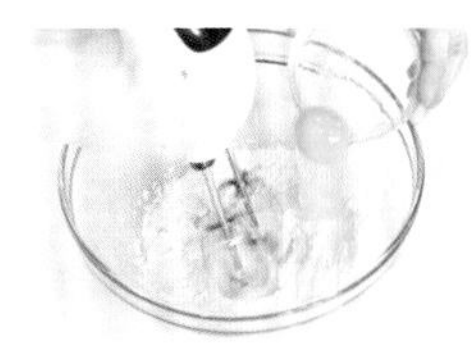

5 用电动搅拌器将碗中材料搅打均匀，边倒入鸡蛋，边搅打均匀。

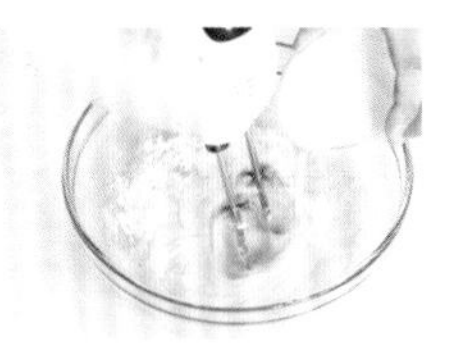

6 边倒入淡奶油，边搅打均匀。

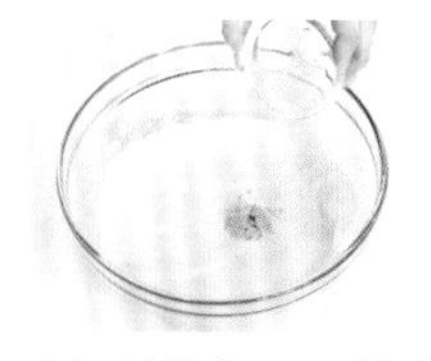

7 倒入柠檬皮屑，用橡皮刮刀搅拌均匀。

8 将低筋面粉过筛至碗里，再倒入泡打粉，用手动搅拌器搅拌均匀成无干粉的面糊。

——入模烘烤——

9 倒入蓝莓，用橡皮刮刀翻拌均匀，制成蛋糕糊。

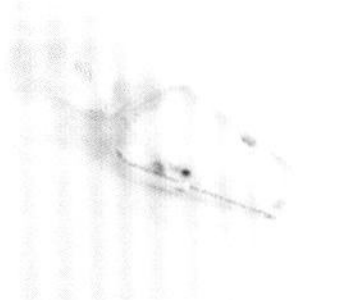

10 将蛋糕糊装入裱花袋里，用剪刀在裱花袋尖端处剪一个小口。

11 取烤盘，放上蛋糕模具，放入纸杯，再逐一挤入蛋糕糊，放上酥皮粒，用叉子将其拨散开。

12 将烤盘放入已预热至180℃的烤箱中层，烤约25分钟即可。

蛋糕模具中放入纸杯可以避免烤出来的蛋糕变形。

草莓乳酪玛芬

分量 | 4个
时间 | 烤20~25分钟
温度 | 上、下火180℃烘烤

< 材料 >

奶油奶酪100克
无盐黄油50克
细砂糖70克
鸡蛋100克
低筋面粉120克
泡打粉2克
浓缩柠檬汁5毫升
草莓适量

< 制作步骤 >

打发黄油

1 将奶油奶酪放入搅拌盆中。

2 加入无盐黄油。

3 用电动搅拌器搅打均匀。

4 倒入细砂糖。

制作蛋糕糊

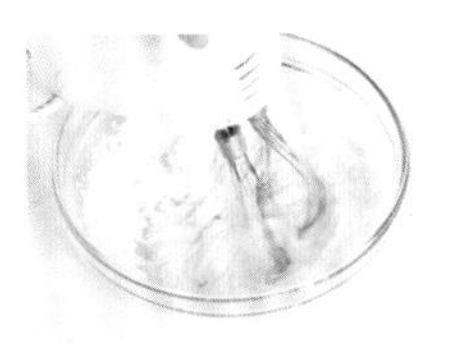

5 继续搅打至蓬松，呈羽毛状。

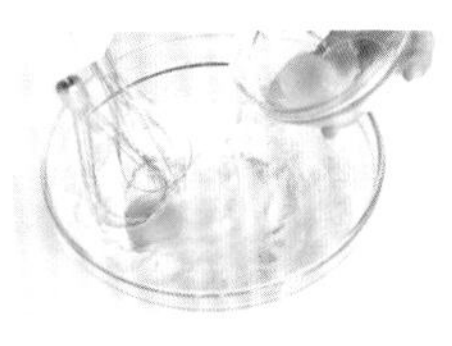

6 分次加入鸡蛋，搅拌均匀。

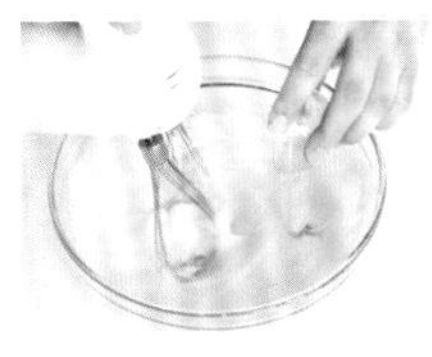

7 加入浓缩柠檬汁，搅拌均匀。

8 往碗中筛入低筋面粉及泡打粉。

若没有低筋面粉，可用高筋面粉和玉米淀粉以1 : 1的比例进行调配。

入模烘烤

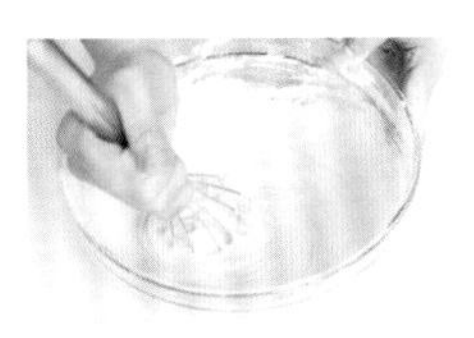

9 将其搅拌均匀，制成蛋糕糊。

10 将蛋糕糊装入裱花袋，用剪刀在裱花袋尖端处剪一小口，垂直挤入蛋糕纸杯中，至七分满。

11 在表面放上草莓。

12 放入预热至180 ℃的烤箱中，烘烤20~25分钟，取出即可。

巧克力杯子蛋糕

分量 | 4个
时间 | 烤约20分钟
温度 | 上、下火170℃烘烤

< 材料 >

低筋面粉82克
鸡蛋55克
巧克力块55克
细砂糖30克
无盐黄油30克
牛奶30毫升
泡打粉1克
打发淡奶油适量
巧克力碎少许
熟板栗少许
樱桃少许

< 制作步骤 >

熔化巧克力

1 将巧克力块装入玻璃碗中，倒入无盐黄油。

2 将碗中材料隔热水熔化，再搅拌均匀。

制作蛋糕糊

3 将玻璃碗中的材料倒入另一个大玻璃碗中。

4 大玻璃碗中倒入细砂糖，搅拌均匀至溶化。

5 倒入鸡蛋，快速搅拌均匀，边倒入牛奶，边搅拌均匀。

6 将低筋面粉、泡打粉过筛至碗里，搅拌至无干粉，即成巧克力蛋糕糊。

面糊拌好后要马上入模烘烤，避免久置消泡而无法蓬松。

入模烘烤和装饰

7 将巧克力蛋糕糊装入裱花袋里，用剪刀在裱花袋尖端处剪一个口子。

8 将蛋糕纸杯放在蛋糕模上，往蛋糕纸杯内挤入巧克力蛋糕糊至九分满。

9 将蛋糕模放在烤盘上，再移入已预热至170℃的烤箱中层，烤约20分钟。

10 将打发淡奶油挤在烤好的蛋糕上，再装饰上巧克力碎、熟板栗和樱桃即可。

最佳的品尝期限

新鲜水果、鲜奶油装饰的蛋糕，不宜离开冷藏环境过久，最佳的品尝期限以当日吃完最好。

抹茶杯子蛋糕

分量 | 6个
时间 | 烤约18分钟
温度 | 上、下火180℃烘烤

< 材料 >

●蛋糕糊

低筋面粉90克
细砂糖50克
无盐黄油38克
牛奶40毫升
蛋黄（3个）51克
蛋白（3个）108克
抹茶粉5克
清水7毫升

●装饰

淡奶油200克
细砂糖20克
抹茶粉4克
食用银珠适量
彩针糖适量

< 制作步骤 >

预先准备 —— 制作蛋糕糊 →

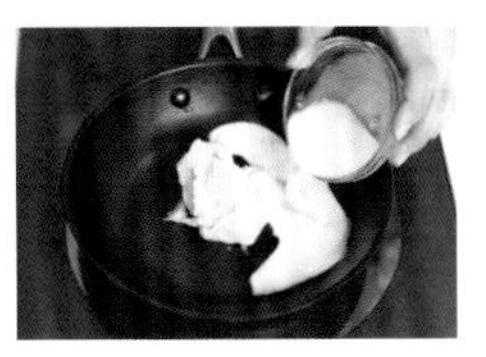

1 将无盐黄油、牛奶倒入平底锅中，用中小火加热至无盐黄油完全溶化。

2 将清水倒入装有5克抹茶粉的碗中，搅拌均匀，制成抹茶糊。

3 将蛋白、细砂糖倒入大玻璃碗中，用电动搅拌器搅打至干性发泡。

4 往大玻璃碗中倒入蛋黄、抹茶糊，搅打至九分发。

—— 入模烘烤 ——

5 将低筋面粉分2次过筛至碗里，翻拌均匀，放入平底锅中的材料，翻拌均匀，制成蛋糕糊。

6 将蛋糕糊装入裱花袋里，用剪刀在裱花袋尖端处剪一个小口。

7 取蛋糕模具放入烤盘，放上纸杯，再逐一挤入蛋糕糊。

8 将烤盘放入已预热至180 ℃的烤箱中层，烤约18分钟，取出烤好的杯子蛋糕，放凉至室温。

打发淡奶油 —— 装饰蛋糕 ——

9 将淡奶油、细砂糖装入大玻璃碗中，用电动搅拌器打发，制成原味淡奶油糊，取一半装入裱花袋里。

10 往剩余打发淡奶油里倒入4克抹茶粉，继续搅打均匀，制成抹茶淡奶油糊，装入裱花袋里。

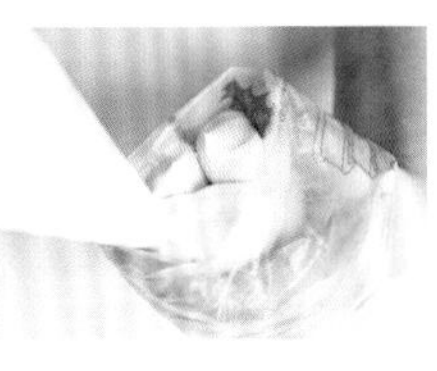

11 再分别取适量原味淡奶油糊和抹茶淡奶油糊挤入裱花袋里，制成混合奶油糊。

12 往杯子蛋糕表面挤出不同的造型奶油，再放上可食用银珠、彩针糖做装饰即可。

蜂蜜柠檬杯子蛋糕

分量 | 4个
时间 | 烤25～30分钟
温度 | 上、下火170℃烘烤

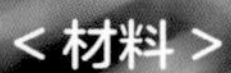

< 材料 >

低筋面粉120克
鸡蛋（1个）55克
无盐黄油50克
细砂糖30克
蜂蜜12克
牛奶60毫升
柠檬汁4毫升
泡打粉2克
动物性淡奶油100克
柠檬4小片

< 制作步骤 >

制作蛋糕糊

入模烘烤

1 将室温软化的无盐黄油、细砂糖、蜂蜜倒入大玻璃碗中，用电动搅拌器搅打均匀。

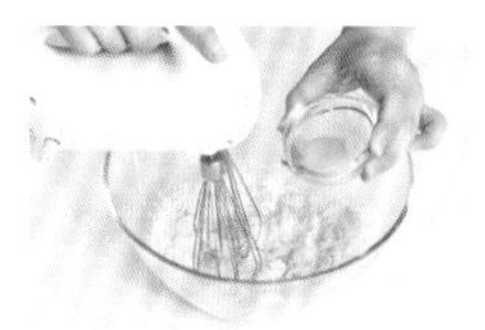

2 分2次倒入鸡蛋，边倒边搅打均匀，再倒入柠檬汁、牛奶，搅拌均匀。

3 将低筋面粉、泡打粉过筛至碗里，用手动搅拌器搅拌成无干粉的面糊，制成蛋糕糊。

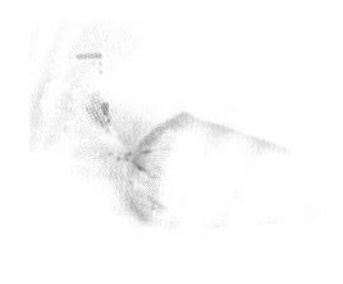

4 将蛋糕糊装入裱花袋里，用剪刀在裱花袋尖端处剪一个小口。

5 取蛋糕纸杯，挤入蛋糕糊至八分满。

6 放入已预热至170℃的烤箱中间，烤25～30分钟。

装饰蛋糕

7 取出烤好的蛋糕，横刀切去顶端的一小部分。

8 将动物性淡奶油倒入大玻璃碗中，用电动搅拌器搅打至九分发。

九分发状态是指打发至有明显纹路，拿起搅拌器勾起尾端呈弯曲状。

9 将已打发的淡奶油装入套有圆齿裱花嘴的裱花袋里，用剪刀在裱花袋尖端处剪一个小口。

10 将已打发淡奶油挤在蛋糕切面上，再插上一小片柠檬片即可。

烘烤技巧

烘烤时若担心外表烤得太焦，可在表皮烤至金黄色后，在表面覆盖上一层铝箔纸来隔开上火的直接烘烤。

奥利奥杯子蛋糕

分量 | 6个
时间 | 烤约17分钟
温度 | 上、下火200 ℃烘烤

< 材料 >

●蛋糕糊

低筋面粉50克
牛奶30毫升
玉米油25毫升
蛋黄（3个）51克
蛋白（3个）112克
细砂糖40克
奥利奥饼干碎适量

●装饰

淡奶油200克
细砂糖20克
奥利奥饼干碎适量
奥利奥饼干（对半切）适量

< 制作步骤 >

制作面糊

1 将玉米油、牛奶倒入大玻璃碗中，搅拌均匀。

2 放入蛋黄，搅拌均匀。

3 将低筋面粉过筛至碗里，用手动搅拌器快速搅拌至混合均匀，制成面糊。

制作蛋糕糊

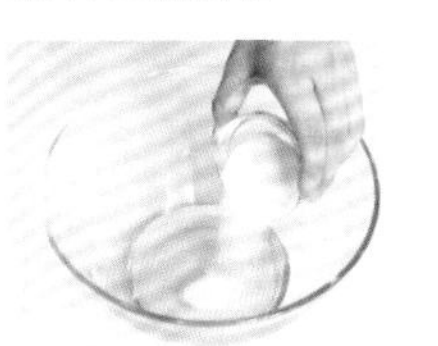

4 将蛋白、细砂糖倒入另一个大玻璃碗中，用电动搅拌器搅打至九分发，制成蛋白糊。

请注意，如果玻璃碗或电动搅拌器上有油分，蛋白就无法打发。

5 将一半的蛋白糊倒入面糊里，翻拌均匀，倒回至装有剩余蛋白糊的大玻璃碗中。

6 加入一半奥利奥饼干碎，继续翻拌均匀，制成蛋糕糊。

入模烘烤

7 将蛋糕糊装入裱花袋里，用剪刀在裱花袋尖端处剪一个小口。

8 取烤盘，放上蛋糕纸杯，再逐一挤入蛋糕糊。

装饰蛋糕

9 放入已预热至200℃的烤箱中层，烤约17分钟，取出烤好的蛋糕，放凉至室温。

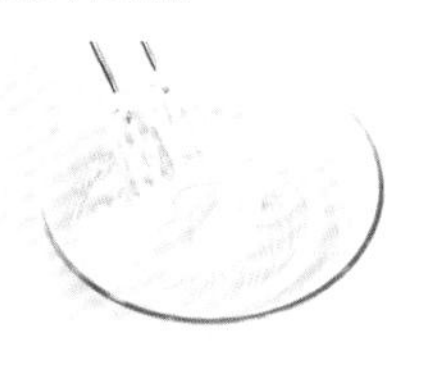

10 将淡奶油、细砂糖装入大玻璃碗中，用电动搅拌器搅打至有纹路。

11 大玻璃碗中倒入另一半奥利奥饼干碎，搅拌均匀，制成奥利奥奶糊。

12 将奥利奥奶糊装入套有圆齿裱花嘴的裱花袋里，挤在蛋糕表面，再插上奥利奥饼干即可。

奶酪夹心小蛋糕

分量 | 6个
时间 | 烤约15分钟
温度 | 上、下火175℃烘烤

< 材料 >

● 蛋糕糊

蛋黄50克
细砂糖30克
植物油15毫升
牛奶15毫升
低筋面粉50克
泡打粉2克
蛋白50克

● 夹馅

细砂糖10克
奶油奶酪80克
柠檬汁12毫升
柠檬皮碎3克
朗姆酒5毫升

< 制作步骤 >

制作蛋黄面糊

1 将蛋黄及10克细砂糖倒入玻璃碗中，搅拌均匀。

2 倒入植物油及牛奶，搅拌均匀。

3 筛入低筋面粉及泡打粉，用橡皮刮刀搅拌均匀，制成蛋黄面糊。

制作蛋糕糊

4 将蛋白及20克细砂糖倒入另一个玻璃碗中，倒入5毫升柠檬汁。

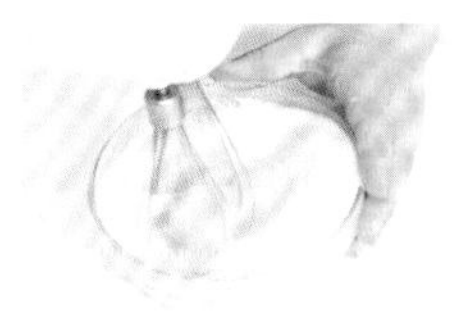

5 用电动搅拌器快速打发，至可提起鹰嘴状，制成蛋白霜。

6 将三分之一蛋白霜倒入蛋黄面糊中，搅拌均匀，再倒回至剩余蛋白霜中，拌匀，制成蛋糕糊。

入模烘烤

7 将蛋糕糊装入裱花袋，用剪刀在裱花袋尖端处剪一小口，拧紧裱花袋口。

8 在铺好油纸的烤盘上间隔挤出直径约3厘米的小圆饼。放入预热至175 ℃的烤箱中烘烤约15分钟。

制作夹馅

9 将室温软化的奶油奶酪及10克细砂糖放入新的搅拌盆中，搅打至顺滑。

10 倒入柠檬汁7毫升、朗姆酒以及柠檬皮碎，搅拌均匀，制成夹馅，装入裱花袋中。

组合装饰

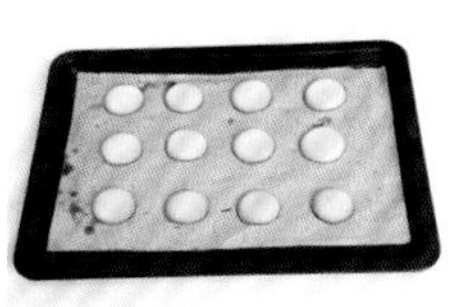

11 取出烤好的蛋糕，放凉。

烘焙纸一定要趁热撕，凉了不好撕。

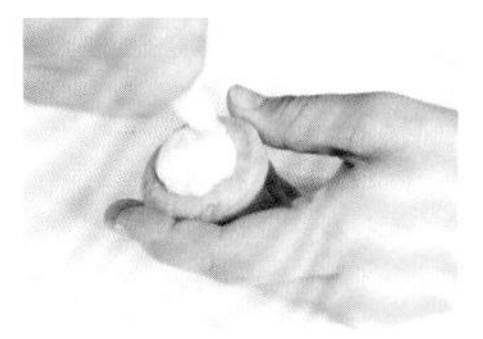

12 在其中一个蛋糕平面挤上一层夹馅，再盖上另一个蛋糕。重复此步骤即可。

草莓蛋糕卷

分量 | 3个
时间 | 烤约21分钟
温度 | 上、下火160℃烘烤

< 材料 >

●蛋糕体

低筋面粉52克
玉米油52毫升
牛奶50毫升
蛋黄（4个）68克
蛋白（4个）148克
细砂糖45克
草莓粉10克
抹茶粉6克

●装饰

淡奶油200克
新鲜草莓丁100克
糖粉15克
草莓粉5克

制作蛋黄糊

1 将玉米油、牛奶倒入大玻璃碗中，用手动搅拌器搅拌均匀。

2 将低筋面粉过筛至碗里，搅拌至无干粉，倒入蛋黄，搅拌均匀，制成蛋黄糊。

打发蛋白

3 另取一个玻璃碗，倒入蛋白、三分之一的细砂糖，用电动搅拌器搅打均匀。

4 剩下的细砂糖分2次倒入，用电动搅拌器搅打均匀，继续搅打至九分发，制成蛋白糊。

制作三种蛋糕糊

5 用橡皮刮刀将一半的蛋白糊盛入蛋黄糊中，翻拌均匀，倒回至装有剩余蛋白糊的大玻璃碗中，翻拌均匀，制成原味蛋糕糊。

6 取适量原味蛋糕糊装入干净的玻璃碗中，倒入草莓粉，翻拌均匀，制成草莓蛋糕糊，装入裱花袋里。

7 取适量原味蛋糕糊装入干净的玻璃碗中，倒入抹茶粉，翻拌均匀，制成抹茶蛋糕糊，装入裱花袋里。

入模烘烤

8 取烤盘，铺上高温布，将抹茶蛋糕糊挤在上面，做成草莓叶，再将草莓蛋糕糊挤在上面，做成草莓肉。

9 将烤盘放入已预热至160℃的烤箱中层，烤约3分钟，取出烤盘，将原味蛋糕糊倒在表面，抹匀，再放入160℃的烤箱中层，烤约18分钟即可。

装饰蛋糕

10 将淡奶油装入干净的大玻璃碗中，用电动搅拌器搅打，倒入草莓粉，继续搅打均匀，再倒入糖粉，搅拌均匀，制成草莓奶油糊。

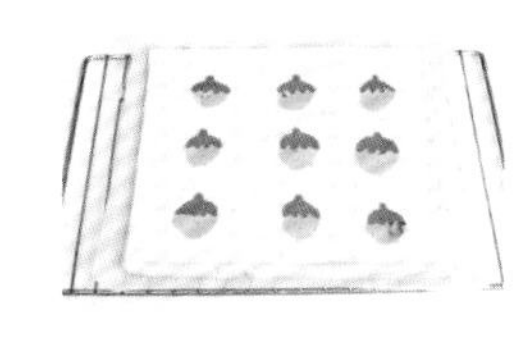

11 取出烤好的蛋糕，铺上一张比烤盘稍大一点的油纸，再放一个烤网，倒扣在操作台上，取下高温布。

12 待蛋糕凉凉，盖上一张油纸，倒置，撕掉表面的油纸，抹上草莓奶油糊，撒上一层新鲜草莓丁，将蛋糕卷起，切成三块，装盘即可。

轻乳酪蛋糕

分量 | 1个
时间 | 烤约60分钟
温度 | 上、下火150℃烘烤

< 材料 >

牛奶170毫升
奶油奶酪135克
蛋黄（3个）54克
蛋白（3个）105克
糖粉80克
玉米淀粉15克
低筋面粉15克
透明镜面果胶适量

制作蛋黄糊

打发蛋白

1 将牛奶倒入不锈钢锅中，用中火加热至冒气，放入奶油奶酪，搅拌均匀至完全溶化，制成牛奶奶酪液。

2 将蛋黄、20克糖粉倒入大玻璃碗中，混合均匀，倒入牛奶奶酪液，边倒边搅拌均匀。

3 将低筋面粉、玉米淀粉过筛至碗里，搅拌均匀，制成蛋黄糊。

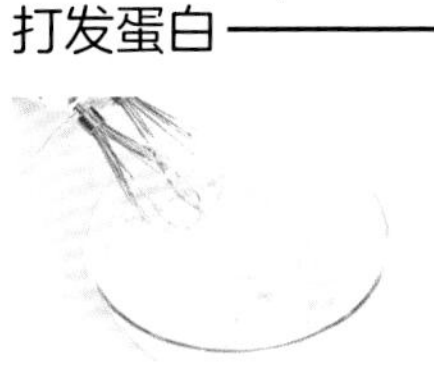

4 将蛋白、剩余糖粉倒入另一个大玻璃碗中，用电动搅拌器将碗中材料搅打至九分发。

也可以加入其他粉料改变口味，如可可粉、抹茶粉。

制作蛋糕糊

入模烘烤

5 取一半的打发蛋白倒入蛋黄糊中，用橡皮刮刀翻拌均匀。

6 将拌匀的混合材料倒入装有剩余打发蛋白的碗中，继续用橡皮刮刀翻拌均匀，制成蛋糕糊。

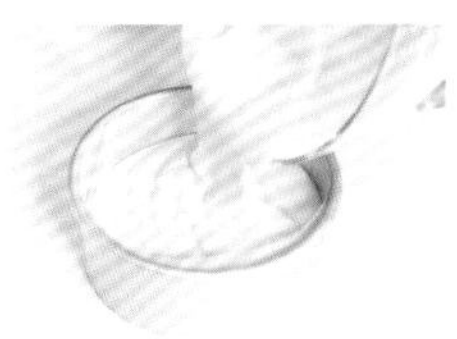

7 取蛋糕模，铺上高温布，再倒入蛋糕糊，轻震几下排出大气泡。

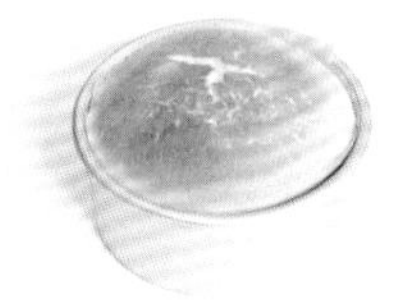

8 将蛋糕模放在已预热至150℃的烤箱中层，烤约60分钟。

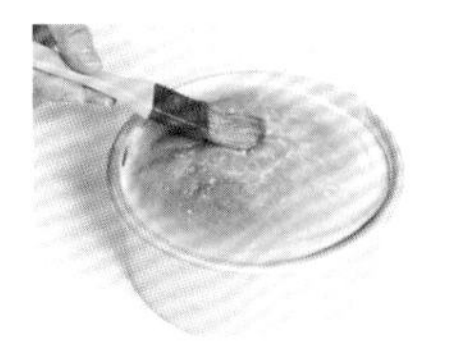

9 取出烤好的蛋糕，再用刷子将透明镜面果胶刷在蛋糕表面。

10 将蛋糕脱模后撕掉高温布即可。

如何完整地切开蛋糕

想要完整地切开松软的蛋糕，可以将锯齿刀先浸泡一下热水，取出擦干水分，再用于切开蛋糕。

黑森林樱桃蛋糕

分量 | 1个
时间 | 烤约30分钟
温度 | 上、下火180℃烘烤

< 材料 >

●蛋糕体

低筋面粉57克
玉米淀粉15克
黑可可粉15克
蛋黄（3个）51克
蛋白（3个）110克
细砂糖40克
橄榄油40毫升
牛奶40毫升

●装饰

淡奶油200克
罐头樱桃适量
巧克力碎适量

<制作步骤>

制作蛋黄可可糊

1 将蛋黄倒入大玻璃碗中，倒入一半的细砂糖，用手动搅拌器搅匀。

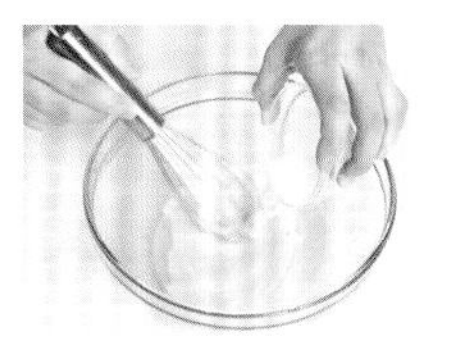

2 倒入橄榄油、牛奶，快速搅拌均匀，倒入玉米淀粉，快速搅匀。

3 将低筋面粉、黑可可粉过筛至碗里，用手动搅拌器搅拌至无干粉，制成蛋黄可可糊。

制作蛋糕糊

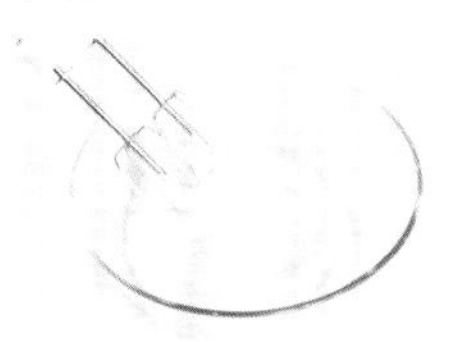

4 将蛋白、剩余细砂糖倒入另一个大玻璃碗中，用电动搅拌器搅打至九分发，制成蛋白糊。

5 用橡皮刮刀将一半的蛋白糊盛入蛋黄可可糊中拌匀，再倒回至装有剩余蛋白糊的大玻璃碗中，翻拌均匀，制成蛋糕糊。

入模烘烤

6 将蛋糕糊倒入蛋糕模中，轻震几下，放入已预热至180℃的烤箱中层，烤约30分钟。

7 取出烤好的蛋糕，倒扣在烤网上凉凉至室温。

组合装饰

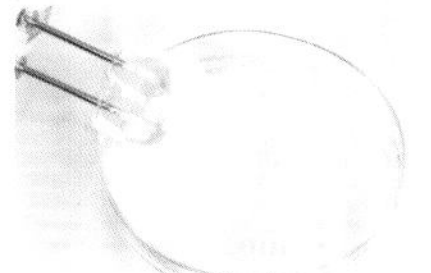

8 将淡奶油倒入大玻璃碗中，用电动搅拌器搅打至干性发泡，待用。

9 将蛋糕脱模后放在转盘上，横切成三片，在一片蛋糕上抹打发的淡奶油，放上罐头樱桃。

10 盖上另一片蛋糕片，继续抹上淡奶油，放上罐头樱桃，盖上最后一片蛋糕，抹上淡奶油。

11 将剩余淡奶油装入套有圆齿裱花嘴的裱花袋里，用剪刀在裱花袋尖端处剪一个小口。

12 将巧克力碎均匀涂抹在蛋糕上，再挤出几个造型奶油，装饰上巧克力碎和罐头樱桃即可。

红丝绒水果蛋糕

分量 | 1个
时间 | 烤约18分钟
温度 | 上、下火180℃烘烤

< 材料 >

●蛋糕体

低筋面粉74克
蛋黄（3个）52克
蛋白（3个）114克
细砂糖50克
橄榄油35毫升
牛奶25毫升
淡奶油18克
红丝绒粉6克

●装饰

淡奶油200克
糖粉15克
草莓粉5克
糖粉少许
哈密瓜（切丁）100克
蓝莓20克
草莓（切爱心状）35克
猕猴桃（切块）15克

< 制作步骤 >

制作蛋黄糊

1 将牛奶、淡奶油、橄榄油倒入大玻璃碗中，用手动搅拌器搅拌均匀。

2 将低筋面粉、红丝绒粉过筛至碗里，快速搅拌至无干粉，倒入蛋黄，继续搅拌，制成蛋黄糊。

制作蛋糕糊

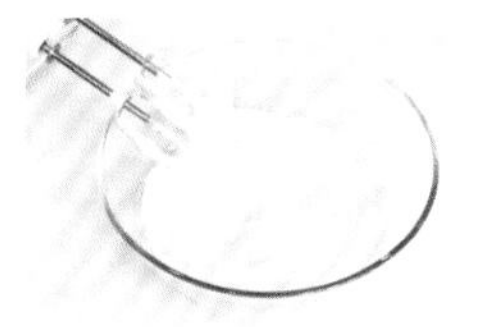

3 将蛋白、一半的细砂糖倒入另一个大玻璃碗中，用电动搅拌器搅打均匀，再倒入剩余细砂糖，搅打均匀，制成蛋白糊。

4 将一半的蛋白糊盛入蛋黄糊中，翻拌均匀，再倒回至装有剩余蛋白糊的大玻璃碗中，翻拌均匀，制成蛋糕糊。

入模烘烤

5 取蛋糕模具，倒入蛋糕糊，放入已预热至180 ℃的烤箱中层，烤约18分钟，取出，凉凉至室温。

6 将蛋糕脱模后放在转盘上，用切刀横着将蛋糕切成三片。

打发淡奶油

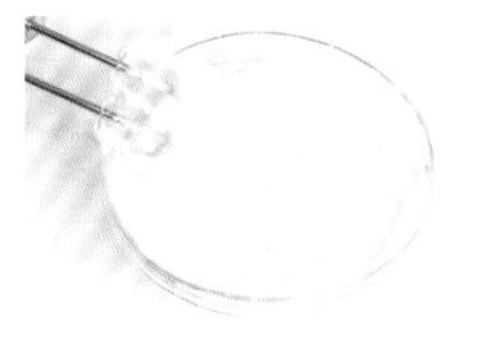

7 将淡奶油装入大玻璃碗中，用电动搅拌器搅打至有纹路出现，将一半装入裱花袋，待用。

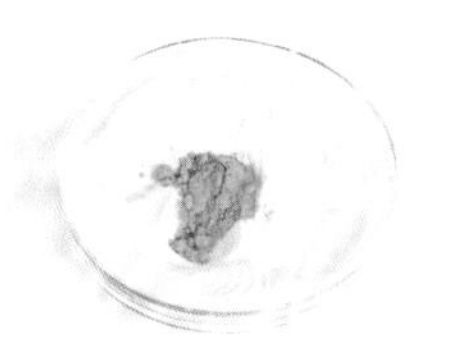

8 往剩余的打发淡奶油中倒入草莓粉，搅打均匀，再倒入糖粉，搅拌均匀，制成草莓奶油糊。

组合装饰

9 用抹刀将草莓奶油糊均匀涂抹在第一片蛋糕上，放上哈密瓜丁，再抹上一层草莓奶油糊。

10 盖上第二片蛋糕，同样涂抹上一层草莓奶油糊，放上哈密瓜丁，再抹上适量草莓奶油糊。

11 放上最后一片蛋糕，抹上草莓奶油糊，装饰上蓝莓、草莓、猕猴桃，筛上一层糖粉。

12 最后在蛋糕底部挤上一圈珍珠状的淡奶油即可。

玫瑰蛋糕

分量 | 1个
时间 | 烤约35分钟
温度 | 上、下火170℃烘烤

●蛋糕体

低筋面粉100克
玉米淀粉30克
蛋黄（5个）86克
蛋白（5个）185克
牛奶80毫升
细砂糖50克
橄榄油60毫升
柠檬30克

●装饰

淡奶油400克
火龙果（切丁）80克
玫瑰花瓣适量
果膏适量

制作蛋黄糊

1 将橄榄油、牛奶倒入大玻璃碗中，用手动搅拌器搅拌均匀，倒入玉米淀粉，快速搅拌至无干粉。

2 将低筋面粉过筛至碗里，搅拌均匀，倒入蛋黄，快速搅拌成无干粉的面糊，制成蛋黄糊。

制作蛋白糊

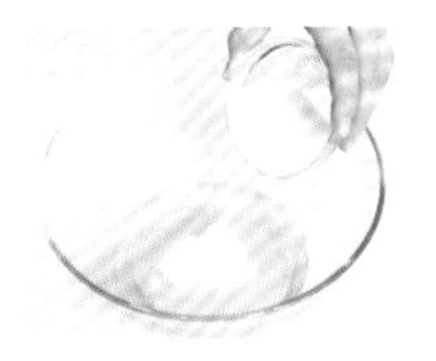

3 另取一个玻璃碗，倒入蛋白、三分之一的细砂糖，用电动搅拌器搅打均匀。

4 剩下的细砂糖分2次倒入，用电动搅拌器搅打均匀，继续搅打至九分发，制成蛋白糊。

制作蛋糕糊

5 用橡皮刮刀将一半的蛋白糊盛入蛋黄糊中，拌匀，再倒回至装有剩余蛋白糊的大玻璃碗中。

6 翻拌均匀，挤入少许柠檬汁，翻拌均匀，制成蛋糕糊。

入模烘烤

7 取蛋糕模具，倒入蛋糕糊，轻震几下，放入已预热至170 ℃的烤箱中层，烤约35分钟。

8 取出烤好的蛋糕，倒扣在烤网上，凉凉至室温后脱模，放在转盘上，横切成两片。

组合装饰

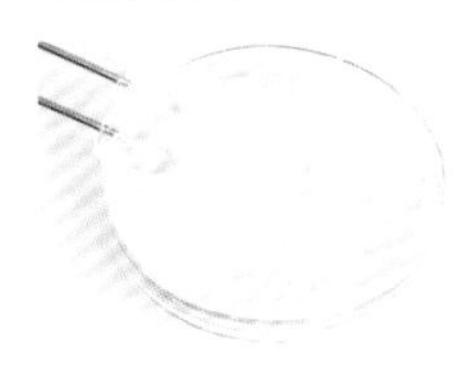

9 将淡奶油倒入大玻璃碗中，用电动搅拌器搅打至干性发泡。

10 将淡奶油均匀地涂抹在蛋糕上，放上火龙果丁，再盖上另一片蛋糕，用淡奶油均匀地涂满整个蛋糕。

11 将剩余淡奶油装入套有圆齿裱花嘴的裱花袋里，用剪刀在裱花袋尖端处剪一小口，在蛋糕表面挤出花边；将玫瑰花瓣粘在蛋糕的侧面。

12 再用玫瑰花瓣和果膏在蛋糕表面做出“穿着玫瑰裙子的女孩”造型，再写上“Dream”，点缀上爱心即可。

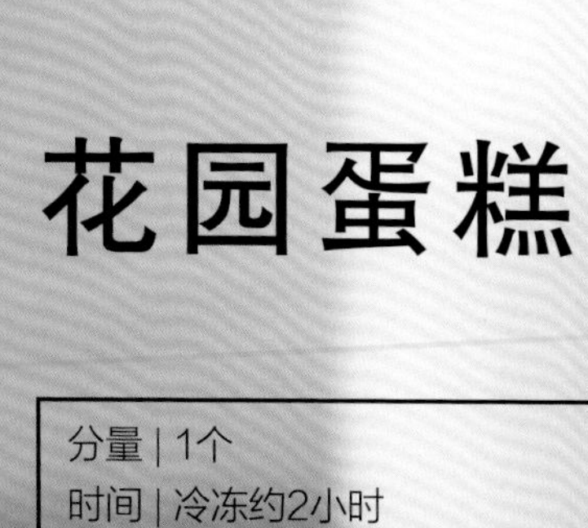

花园蛋糕

分量 | 1个
时间 | 冷冻约2小时
温度 | -18℃冷冻

< 材料 >

●坚果基底

杏仁片75克
榛果75克
开心果7克
无盐黄油30克

●覆盆子奶酪馅

覆盆子果泥50克
柠檬汁10毫升
细砂糖30克
吉利丁片5克
常温奶油奶酪170克
淡奶油130克
朗姆酒5毫升
玫瑰干花适量

制作坚果基底

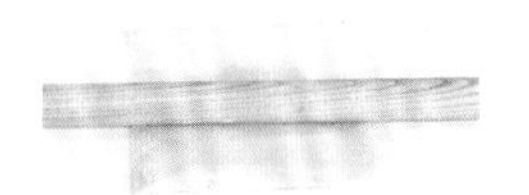

1 将杏仁片、榛果、开心果放入塑料袋中，用擀面杖压碎。

2 将压碎的坚果放入玻璃碗中，放入无盐黄油。

3 搅拌均匀后倒入封好保鲜膜的圆形慕斯圈中，并用橡皮刮刀压好，放入冰箱冷藏30分钟使其凝固。

蛋糕基底中可以放一些消化饼干，口感会更好。

制作覆盆子奶酪馅

4 将吉利丁片放入热水中泡软。

5 将常温奶油奶酪和吉利丁片稍微加热后倒入玻璃碗中，加入细砂糖、柠檬汁、覆盆子果泥。

6 用手动搅拌器搅拌均匀，制成覆盆子奶酪馅。

7 将冷藏后的淡奶油用电动搅拌器打发。

8 分次倒入覆盆子奶酪馅中。

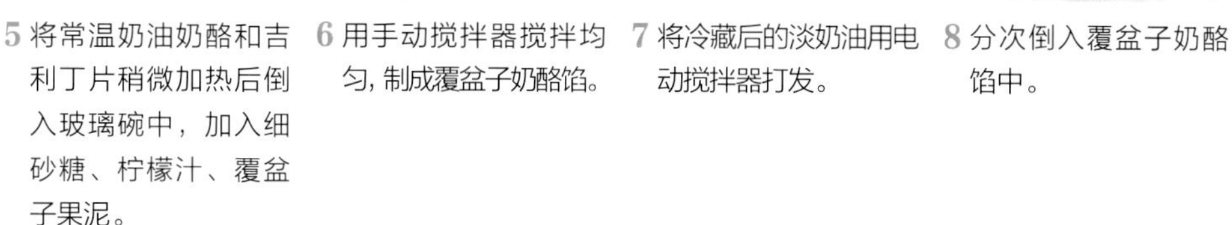

9 用橡皮刮刀混合均匀。

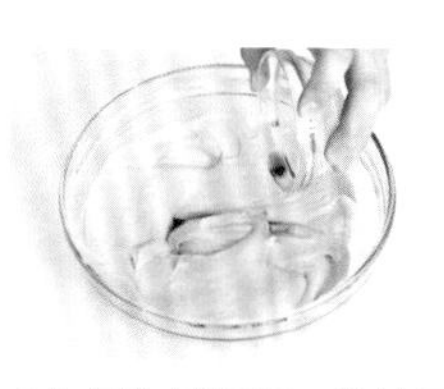

10 倒入朗姆酒，继续用橡皮刮刀搅拌均匀。

组合装饰

11 取出冰箱中的基底，放入覆盆子奶酪馅，抹平。

12 放入冰箱冷冻约2小时，取出脱模，最后放上玫瑰干花在表面装饰即可。

第四章
面包类

每次路过面包店，
都会被新鲜出炉的面包香气所吸引。
多次幻想着，能自己动手做面包，
却总被繁复的步骤吓退。
其实，实践过才知道，面包的制作轻松简单。
为家人，为爱人，抑或为自己，
做几款好吃、健康而又充满趣味的面包吧！

布里欧修

分量 | 6个
时间 | 烤约15分钟
温度 | 上、下火180℃烘烤

< 材料 >

高筋面粉190克
低筋面粉55克
鸡蛋液30克
牛奶100毫升
奶粉15克
细砂糖30克
无盐黄油30克
盐3克
酵母粉4克
无盐黄油（用于涂抹于模具上）少许
鸡蛋液少许

< 制作步骤 >

制作面团

1 将高筋面粉、低筋面粉、奶粉、细砂糖、盐、酵母粉倒入大玻璃碗中，用手动搅拌器搅匀。

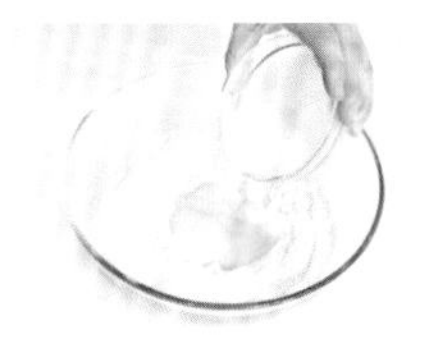

2 倒入鸡蛋液、牛奶，用橡皮刮刀翻压几下，再用手揉成团。

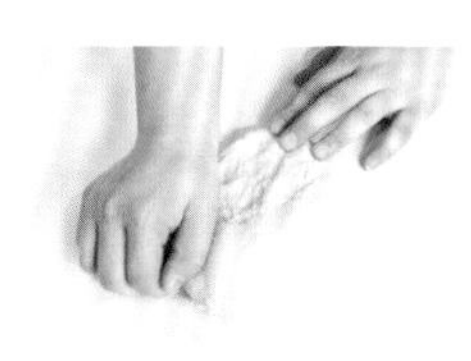

3 取出面团放在干净的操作台上，反复揉扯，反复甩打几次，将卷起的面团稍稍搓圆、按扁。

4 放上无盐黄油，收口、揉匀，甩打几次，再将其揉成纯滑的面团。

初次发酵、分割

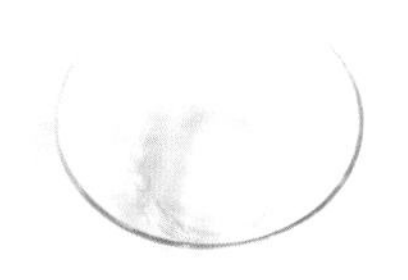

5 将面团放回至大玻璃碗中，封上保鲜膜，静置发酵约30分钟。

6 将面团分成12个小剂子，其中6个均重为13克，另6个均重为5克，全部搓圆。

整形、二次发酵

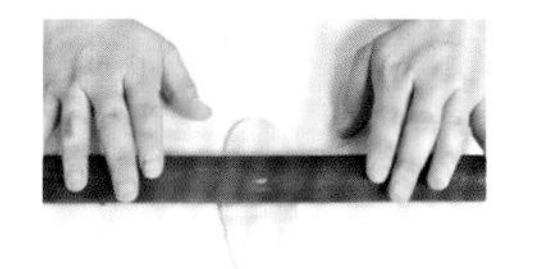

7 将大剂子擀成长舌形，按住一边使其固定，再从另一边开始卷起，再搓成条。

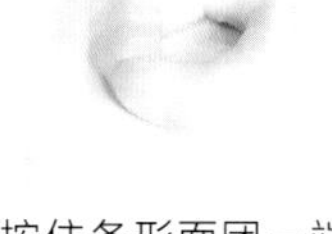

8 按住条形面团一端使其固定，从另一端开始盘成圈，收口捏紧。

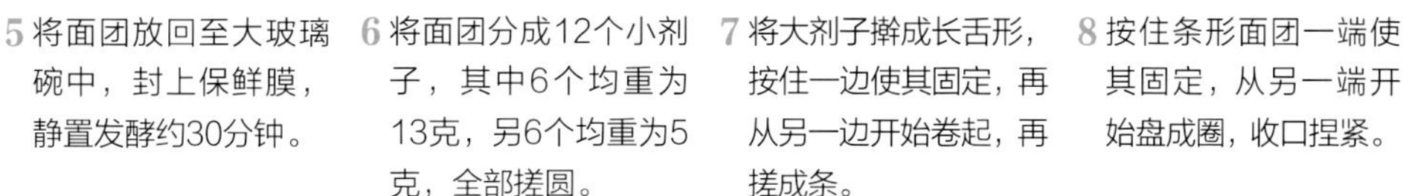

9 将小剂子放在圈中间，制成布里欧修生坯。

10 取锡纸杯，放入布里欧修。

锡纸杯内侧抹上油脂，出炉后方便面包脱模。

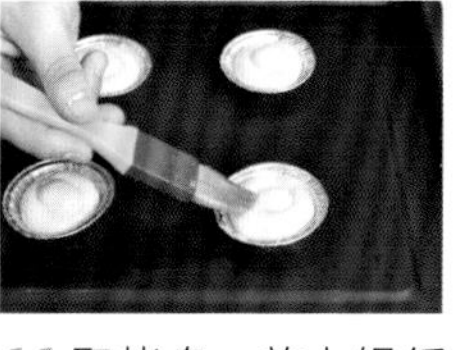

11 取烤盘，放上锡纸杯，再放入已预热至30 ℃的烤箱中层，静置发酵约30分钟，取出。

入模烘烤

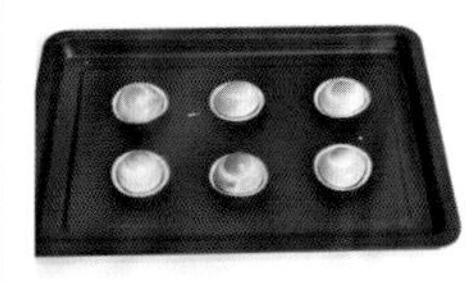

12 用刷子均匀地刷上一层鸡蛋液，放入已预热至180 ℃的烤箱中层，烘烤约15分钟即可。

法国棍子面包

分量 | 2个
时间 | 烤约25分钟
温度 | 上、下火195 ℃烘烤

< 材料 >

高筋面粉200克
橄榄油10毫升
盐3克
酵母粉3克
清水120毫升
高筋面粉（筛在面团表面）少许

< 制作步骤 >

制作面团 —— 初次发酵、分割 →

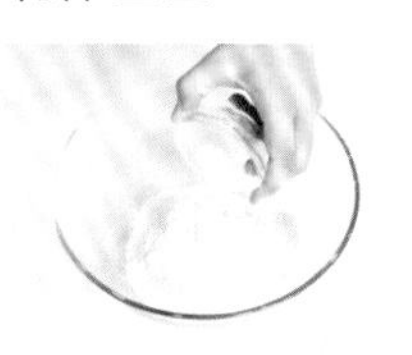

1 将高筋面粉、盐、酵母粉倒入大玻璃碗中，用手动搅拌器搅匀。

2 倒入清水、橄榄油，用橡皮刮刀翻拌均匀，再用手抓匀。

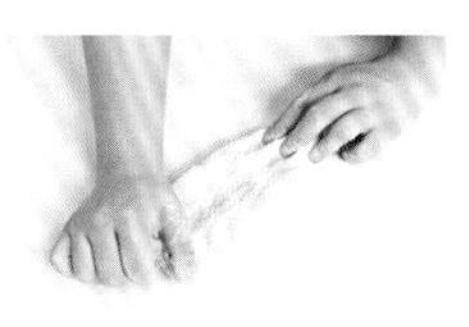

3 取出放在干净的操作台上，反复折叠、揉扯至混合均匀，搓圆。

4 将面团放入小玻璃碗中，封上保鲜膜，室温环境中静置发酵10~15分钟。

发酵的最佳温度是26 ~ 28℃。

—— 二次发酵、整形 —— 三次发酵、烘烤 →

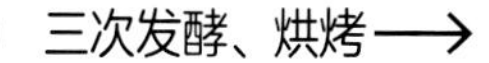

5 撕开保鲜膜，取出面团，用刮板分成2等份，收口、搓圆。

6 包上保鲜膜，松弛发酵约10分钟。

7 将面团擀成长舌形，按压一边使其固定，再从另一边开始翻压、卷成橄榄形。

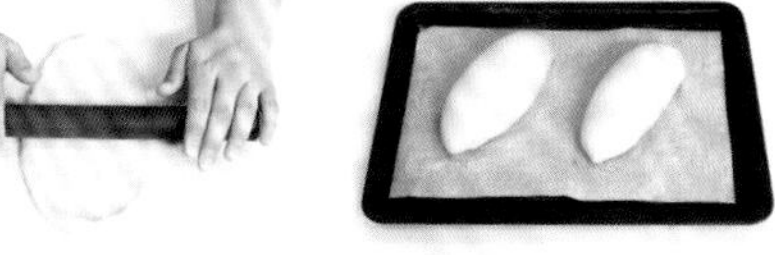

8 取烤盘，铺上油纸，放上面团，盖上保鲜膜发酵20分钟。

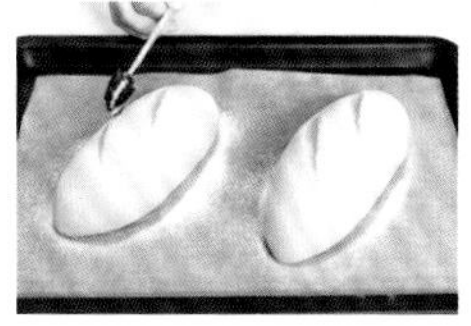

9 撕开保鲜膜，筛上高筋面粉，用刀片划上几道口子。

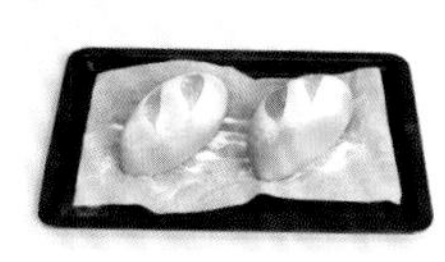

10 将烤盘放入已预热至195 ℃的烤箱中层，烘烤约25分钟即可。

划裂纹的刀要以斜角快速切入面团。

如何检查面团的出筋状态

切下一小块面团拉展成四方形，毫不费力便能拉出轻薄却不会破裂的膜就说明面团已出筋。

椰香奶酥包

分量 | 4个
时间 | 烤约15分钟
温度 | 上、下火170 ℃烘烤

< 材料 >

高筋面粉140克
低筋面粉37克
奶酪块20克
奶粉10克
细砂糖20克
酵母粉3克
牛奶75毫升
鸡蛋液25克
汤种面团54克
盐2克
无盐黄油18克
椰丝适量

< 制作步骤 >

制作面团

1 将高筋面粉、低筋面粉、奶粉、细砂糖倒入大玻璃碗中。

2 用手动搅拌器拌匀。

3 倒入盐、酵母粉、牛奶、鸡蛋液、汤种面团，用橡皮刮刀翻拌几下。

4 再用手揉成团，取出面团放在干净的操作台上，将其反复揉扯拉长，再卷起。

使用整个手掌尽可能上下大幅揉搓。

初次发酵、分割

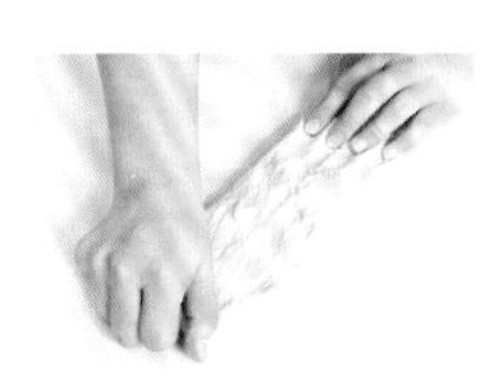

5 反复甩打几次，将卷起的面团稍稍搓圆、按扁。

6 放上无盐黄油，收口、揉匀，再将其揉成纯滑的面团。

7 将面团放回至大玻璃碗中，封上保鲜膜，静置发酵约30分钟。

8 撕开保鲜膜，取出面团，用刮板分成4等份，再收口、搓圆。

整形、二次发酵

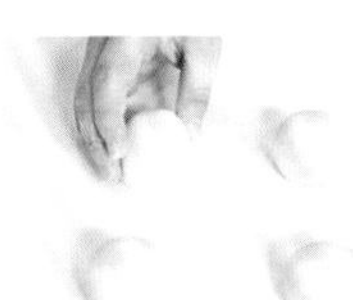

9 将面团按扁，放上奶酪块，收口后搓圆。

10 沾裹上一层椰丝，制成面包坯。

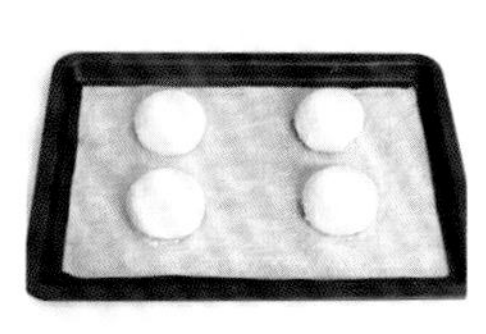

11 取烤盘，铺上油纸，放上面包坯，放入已预热至30 ℃的烤箱中层，静置发酵约30分钟，取出。

烘烤

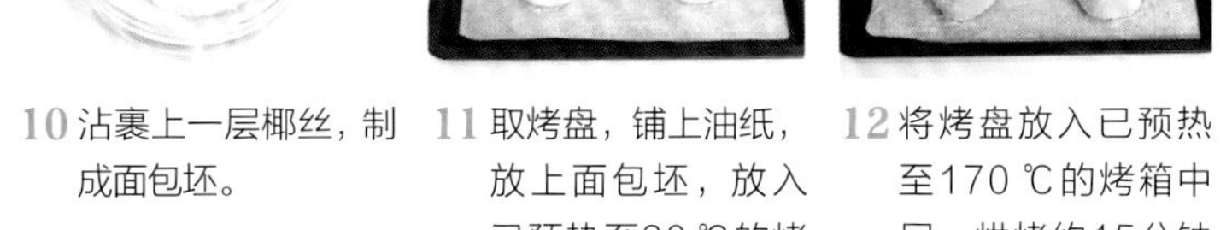

12 将烤盘放入已预热至170 ℃的烤箱中层，烘烤约15分钟即可。

分量 | 4个
时间 | 烤约15分钟
温度 | 上、下火200℃烘烤

< 材料 >

高筋面粉110克
全麦面粉45克
葡萄干12克
奶粉5克
细砂糖18克
盐2克
酵母粉3克
冰水105毫升
无盐黄油18克
表面装饰用高筋面粉少许

< 制作步骤 >

制作面团

1 将高筋面粉、全麦面粉、酵母粉、奶粉、细砂糖、盐倒入碗中，用手动搅拌器搅拌均匀。

2 倒入冰水，用橡皮刮刀翻拌均匀，用手揉成团。

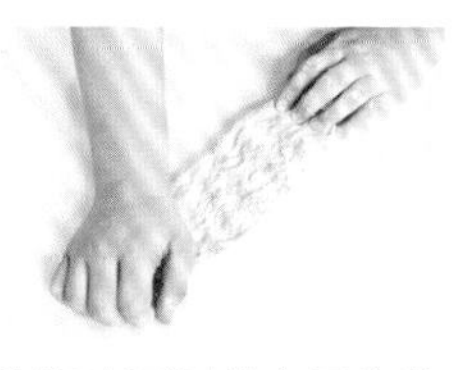

3 取出面团放在干净的操作台上，将其反复揉扯拉长，再卷起，收口朝上，将面团揉长。

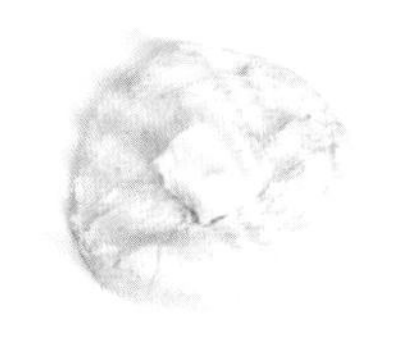

4 放上无盐黄油，收口、揉匀，甩打几次，再次收口，将其揉成纯滑的面团。

初次发酵、分割

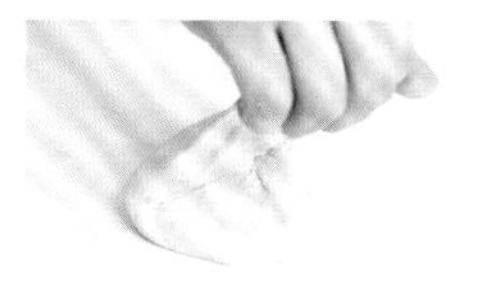

5 将面团按扁，放上葡萄干，收口，再反复揉搓均匀，再次搓圆。

6 将面团放回至大玻璃碗中，封上保鲜膜，静置发酵约30分钟。

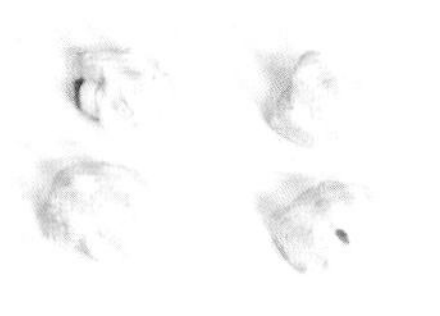

7 撕开保鲜膜，取出面团，用刮板分成4等份。

整形、二次发酵

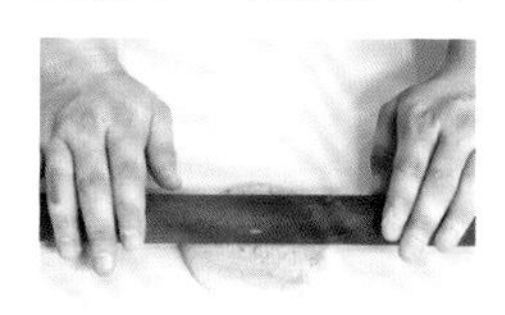

8 再收口、搓圆，将面团擀成圆形的面皮。

三次发酵、烘烤

9 再折成三角形，制成面包坯，封上保鲜膜，松弛发酵约10分钟。

10 取烤盘，铺上油纸，放上面包坯，再将烤盘放入已预热至30 ℃的烤箱中层，静置发酵约30分钟，取出。

11 用勺子、叉子做辅助工具，筛上高筋面粉。

12 将烤盘放入已预热至200 ℃的烤箱中层，烘烤约15分钟即可。

发酵后的面团，膨胀程度会因面包的种类而异，但肯定都比发酵前大。

手工白吐司

分量 | 1个
时间 | 烤约15分钟
温度 | 上、下火170℃烘烤

< 材料 >

高筋面粉190克
低筋面粉55克
鸡蛋液30克
牛奶100毫升
奶粉15克
细砂糖30克
无盐黄油30克
盐3克
酵母粉4克
鸡蛋液少许

< 制作步骤 >

制作面团

1 将高筋面粉、低筋面粉、奶粉、细砂糖、盐、酵母粉倒入大玻璃碗中，用手动搅拌器搅匀。

2 倒入鸡蛋液、牛奶，用橡皮刮刀翻压几下，再用手揉成团。

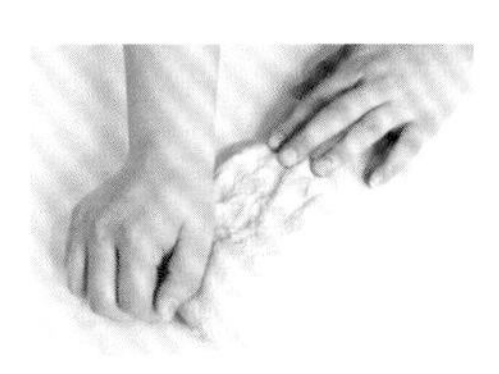

3 取出面团放在操作台上，反复揉扯，甩打几次，将卷起的面团稍稍搓圆、按扁。

4 放上无盐黄油，收口、揉匀，甩打几次，再将其揉成纯滑的面团。

初次发酵、整形

5 将面团放回至大玻璃碗中，封上保鲜膜，静置发酵约30分钟。

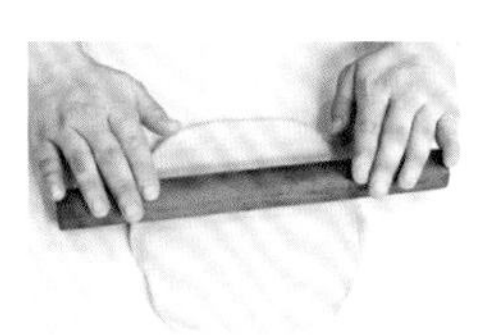

6 撕开保鲜膜，取出面团，用擀面杖擀成方形面皮。

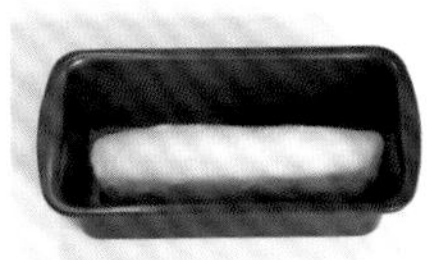

7 按压一边使其固定，从另一边开始卷起，制成吐司坯，放入垫有油纸的吐司模具中。

二次发酵、烘烤 →

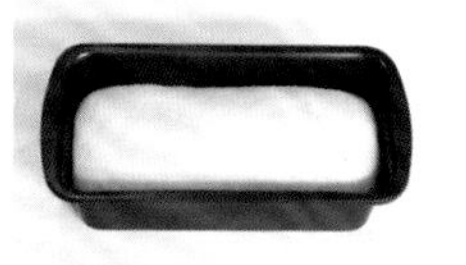

8 放入已预热至30 ℃的烤箱中层，静置发酵约35分钟，取出。

面团顶端几乎和吐司模具等高。

9 用刷子在发好的面团表面刷上鸡蛋液。

10 将模具放入已预热至170 ℃的烤箱中层，烘烤约15分钟即可。

如何防止吐司切面出现大洞

如果面团里有气体残留，烤出来的吐司切面就会出现大洞。为了避免这一情况，在用擀面杖将面团擀成方形面皮时要将面团中的气体压出。

蓝莓贝果

分量 | 4个
时间 | 烤约23分钟
温度 | 上、下火180℃转上、下火190℃烘烤

< 材料 >

●面团

高筋面粉160克
全麦面粉40克
细砂糖8克
蓝莓50克
鸡蛋（1个）55克
酵母粉4克
盐3克
清水100毫升

●汆烫糖水

细砂糖50克
清水500毫升

< 制作步骤 >

制作蓝莓面团

1 将高筋面粉、酵母粉、盐、细砂糖、全麦面粉倒入大玻璃碗中，用手动搅拌器搅拌均匀。

2 倒入清水、鸡蛋，用橡皮刮刀翻压成团，再用手揉几下。

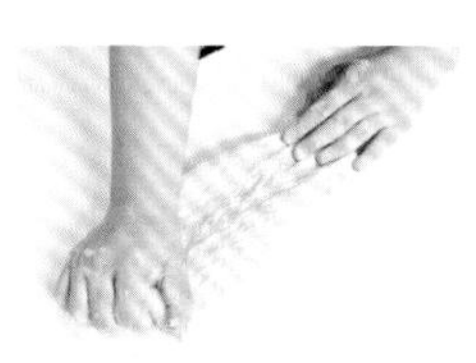

3 取出放在干净的操作台上，反复揉扯、翻压、甩打，再揉搓成光滑面团。

4 将面团按扁，放上蓝莓，揉几下，用刮板切成几块后再翻压、搓圆。

初次发酵

5 将面团放回至大玻璃碗中，封上保鲜膜，常温静置发酵10～15分钟。

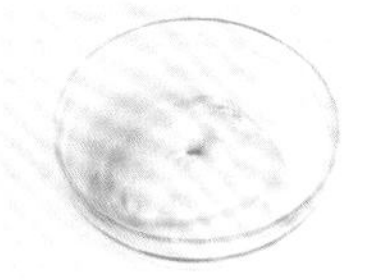

6 撕开保鲜膜，用手指戳一下面团的正中间，以面团没有迅速复原为发酵好的状态。

分割、二次发酵

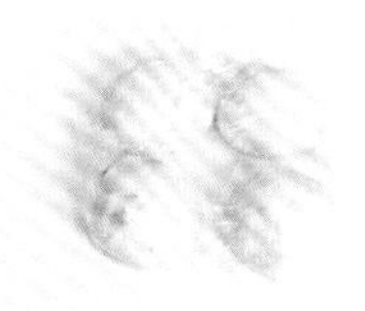

7 取出面团，用刮板分成4等份，收口、搓圆，再盖上保鲜膜，松弛发酵10分钟。

三次发酵、整形

8 撕开保鲜膜，将面团擀成长舌形，按压长的一边使其固定，从另一边开始卷起，再搓成条。

将面团擀成长舌形时要从中间往两侧擀。

水煮、烘烤

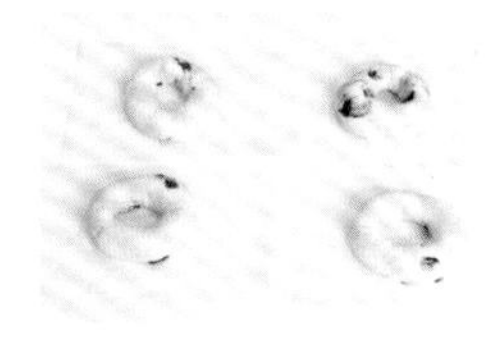

9 将条形面团卷成首尾相连的圈，再放在比面团稍大的油纸上，即成蓝莓贝果坯，发酵30分钟。

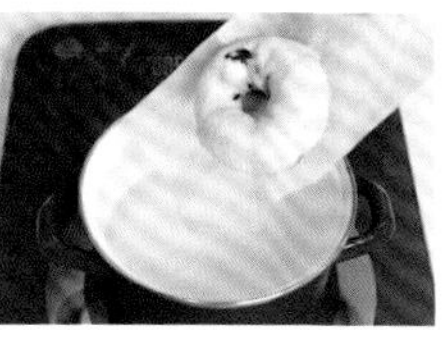

10 锅中倒入清水、细砂糖，用中火煮至沸腾，放入蓝莓贝果坯。

11 两面各烫20秒，翻面前取走油纸，捞出沥干水分，放在铺有油纸的烤盘上。

12 将烤盘放入已预热至180℃的烤箱中层，烘烤约15分钟，再转190℃，烘烤约8分钟即可。

热狗贝果卷

分量 | 4个
时间 | 烤约15分钟
温度 | 上、下火180℃烘烤

< 材料 >

高筋面粉195克
热狗4根
鸡蛋（1个）55克
细砂糖15克
咖喱粉5克
盐2克
酵母粉2克
清水100毫升
鸡蛋液少许
无盐黄油30克

< 制作步骤 >

制作面团

1 将高筋面粉、酵母粉、细砂糖、盐倒入大玻璃碗中，用手动搅拌器搅拌均匀。

2 倒入咖喱粉，搅拌均匀，倒入清水、鸡蛋，用橡皮刮刀翻拌至无干粉，用手揉搓几下。

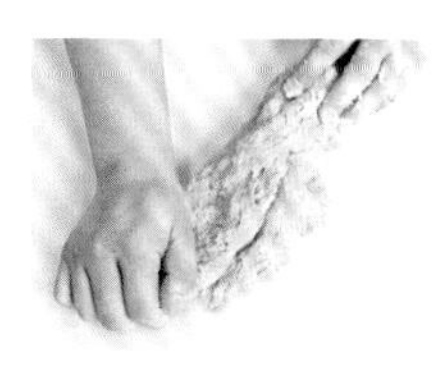

3 取出放在干净的操作台上，反复揉扯、拉长、翻压，再揉搓至光滑。

4 将面团翻一面，按扁，放上无盐黄油，收口，再揉扯至无盐黄油被完全吸收。

初次发酵、分割

5 将面团搓圆，放回至大玻璃碗中，封上保鲜膜，室温环境中静置发酵约30分钟。

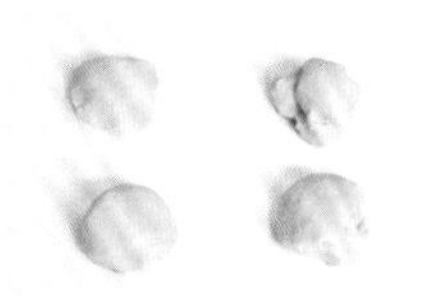

6 撕开保鲜膜，取出面团，分切成4等份。

二次发酵、整形

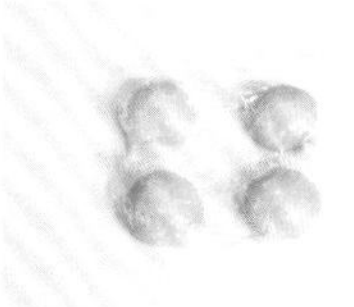

7 再收口、搓圆，封上保鲜膜，室温环境中松弛发酵约15分钟。

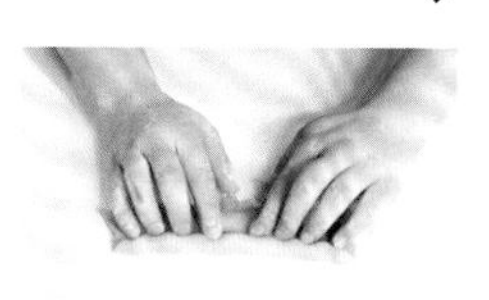

8 撕掉保鲜膜，将面团擀成长舌形，按压一边使其固定，再从另一边开始卷起，揉搓成条。

三次发酵、烘烤

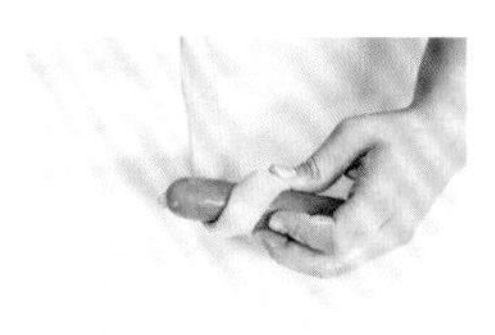

9 取热狗，用条形面团缠绕在上面，制成热狗贝果坯。

开始卷圈和最后收尾的部分最后可以固定在同一边。

10 取烤盘，铺上油纸，放上热狗贝果坯。

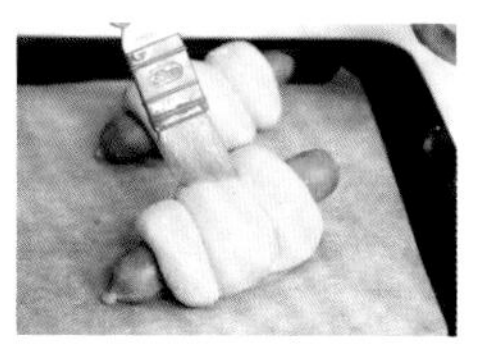

11 将烤盘放入已预热至30 ℃的烤箱中层，静置发酵约30分钟，取出，刷上一层鸡蛋液。

12 将烤盘放入已预热至180 ℃的烤箱中层，烘烤约15分钟即可。

法式椰香蛋堡

分量 | 4个
时间 | 烤约15分钟
温度 | 上、下火180℃烘烤

< 材料 >

高筋面粉200克
低筋面粉50克
鸡蛋液50克
蛋黄（4个）69克
奶粉20克
盐2克
细砂糖30克
无盐黄油25克
酵母粉5克
清水150毫升
沙拉酱少许
秋葵片、西红柿块、红彩椒条各适量

< 制作步骤 >

制作面团

1 将高筋面粉、低筋面粉、盐、细砂糖、奶粉、酵母粉倒入大玻璃碗中，用手动搅拌器搅匀。

2 倒入鸡蛋液、清水，用橡皮刮刀翻拌成块，再用手揉搓几下。

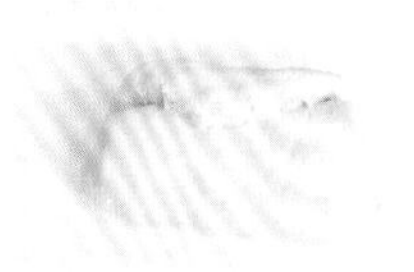

3 取出面团放在干净的操作台上，将其反复揉扯拉长，再卷起，搓圆。

4 将面团按扁，放上无盐黄油，揉搓至混合均匀。

初次发酵、分割

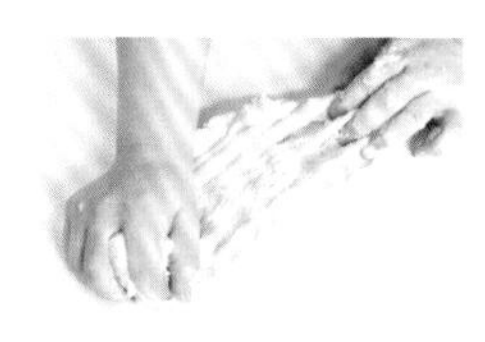

5 将面团揉搓成光滑的圆形面团。

6 将面团放回至大玻璃碗中，再封上保鲜膜，静置发酵30～40分钟。

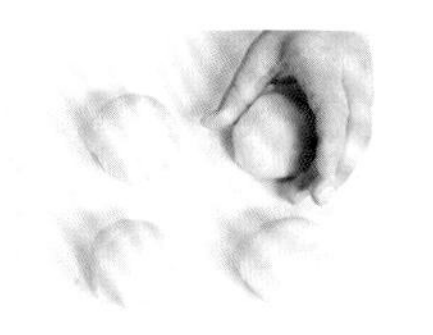

7 撕开保鲜膜，取出面团，用刮板分切成4等份，再收口、滚圆。

面团滚圆到表面变得紧绷光滑，上面稍微带点弹性的状态。

整形

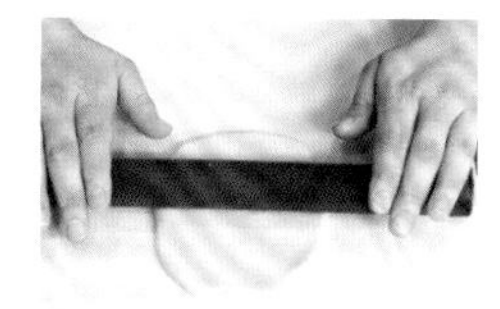

8 用擀面杖将面团擀成圆形薄面皮，用叉子均匀插上一些气孔。

二次发酵、烘烤

9 取烤盘，铺上油纸，放上面皮。

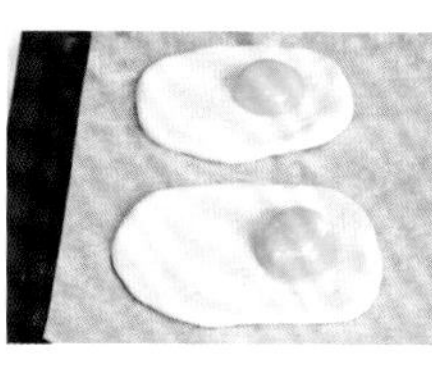

10 依次放上蛋黄、秋葵片、西红柿块、红彩椒条。

11 将烤盘放入已预热至30 ℃的烤箱中层，静置发酵约30分钟，取出。

12 再将烤盘放入已预热至180 ℃的烤箱中层，烘烤约15分钟，取出，来回挤上沙拉酱即可。

红酒蓝莓面包

分量 | 4个
时间 | 烤约20分钟
温度 | 上、下火180 ℃烘烤

< 材料 >

●面团
高筋面粉250克
蓝莓汁50毫升
蓝莓干30克
红酒100毫升
蓝莓酱15克
牛奶25毫升
细砂糖50克
无盐黄油75克
酵母粉4克
盐3克
清水100毫升

●可可酱
低筋面粉60克
可可粉10克
橄榄油50毫升
糖粉25克
鸡蛋液55克

制作面团

1 将高筋面粉、酵母粉、细砂糖、盐倒入大玻璃碗中，用手动搅拌器搅拌均匀。

2 倒入牛奶、清水、蓝莓汁，翻拌均匀成无干粉的面团。

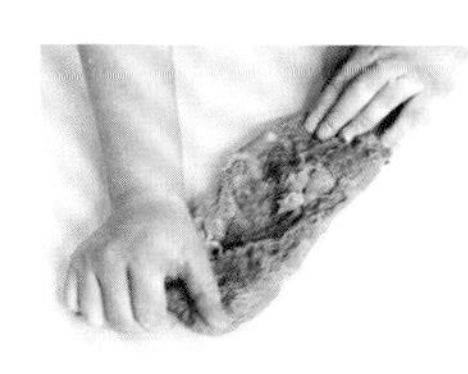

3 取出面团放在干净的操作台上，反复揉扯拉长、甩打，再揉搓至混合均匀。

4 将面团稍稍按扁，放上无盐黄油，混合均匀，甩打几次至起筋，将面团滚圆。

初次发酵、整形

5 将面团放回至大玻璃碗中，封上保鲜膜，静置发酵约40分钟。

6 将蓝莓干放入装有红酒的玻璃碗中，浸泡至发胀。

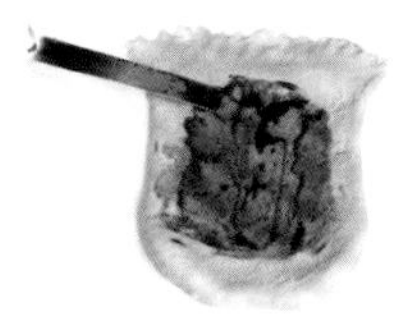

7 取出面团，擀成长舌形，刷上一层蓝莓酱，放上浸泡过红酒的蓝莓干。

8 提起面团卷起来，再放入面包模具里。

模具里事先刷上无盐黄油，抹上少量高筋面粉。

二次发酵

9 将模具放入已预热至30℃的烤箱中层，静置发酵约30分钟，取出，面团表面刷上一层鸡蛋液。

制作可可酱

10 将可可粉、橄榄油倒入干净的玻璃碗中搅匀，倒入剩余鸡蛋液、糖粉拌匀，筛入低筋面粉拌匀，即成可可酱。

11 将可可酱装入套有圆形裱花嘴的裱花袋里，用剪刀在裱花袋尖端处剪一个小口。

烘烤

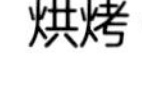

12 将可可酱来回挤在面团上，再将面包模具放入已预热至180℃的烤箱中层，烘烤约20分钟至上色即可。

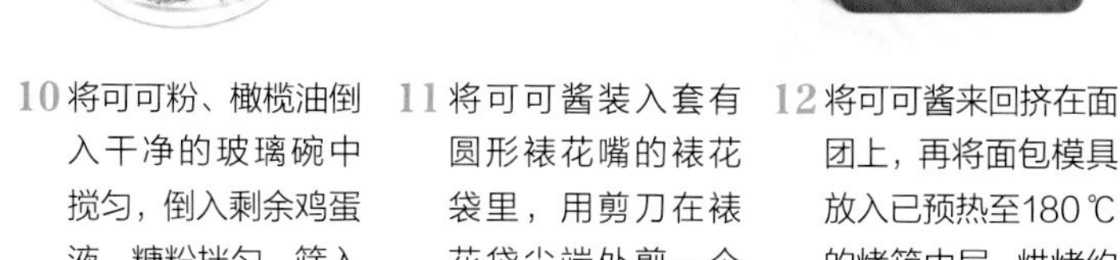

抹茶奶露面包

分量 | 4个
时间 | 烤约15分钟
温度 | 上、下火165℃烘烤

< 材料 >

●面团

高筋面粉115克
低筋面粉35克
鸡蛋液15克
汤种面团50克
抹茶粉10克
牛奶50毫升
奶粉15克
酵母粉3克
细砂糖20克
盐2克
无盐黄油15克
清水20毫升

●奶油酱

卡仕达粉35克
牛奶140毫升
淡奶油180克
细砂糖10克

●装饰

清水90毫升
无盐黄油45克
低筋面粉60克
鸡蛋液105克
猕猴桃块少许
橘子瓣少许

<制作步骤>

制作面团

1 将牛奶、酵母粉装入小玻璃碗中，搅拌均匀，制成酵母液。

2 将高筋面粉、抹茶粉、奶粉、低筋面粉、细砂糖倒入大玻璃碗中，拌匀，倒入盐、酵母液、鸡蛋液、清水，揉成团。

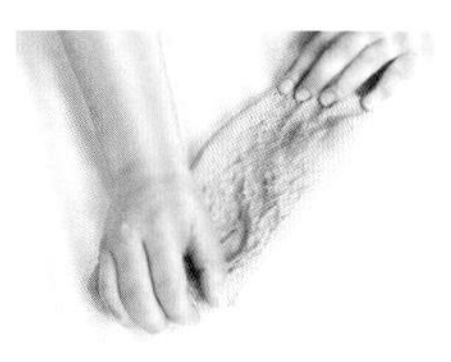

3 放入汤种面团，揉匀，放在干净的操作台上，反复揉扯拉长，再卷起，放上无盐黄油。

初次发酵

4 将其揉成纯滑的面团，封上保鲜膜，静置发酵约30分钟。

分割、二次发酵

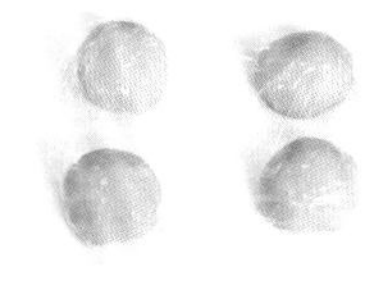

5 取出面团，分成4等份，再收口、搓圆，封上保鲜膜，发酵约10分钟，取出面团，擀成长舌形，卷成橄榄形。

三次发酵

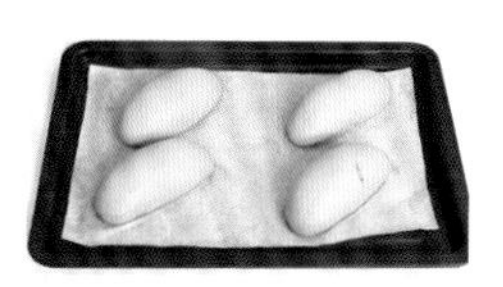

6 放入铺有油纸的烤盘上，再放入已预热至30℃的烤箱中层，发酵约30分钟，取出。

制作装饰材料

7 平底锅中倒入清水，煮至沸腾，放入无盐黄油，翻拌至完全溶化，筛入低筋面粉，拌匀成无干粉的团。

8 取出放在干净的大玻璃碗中，分次放入鸡蛋液，拌匀，制成装饰材料，装入套有圆形裱花嘴的裱花袋里。

烘烤

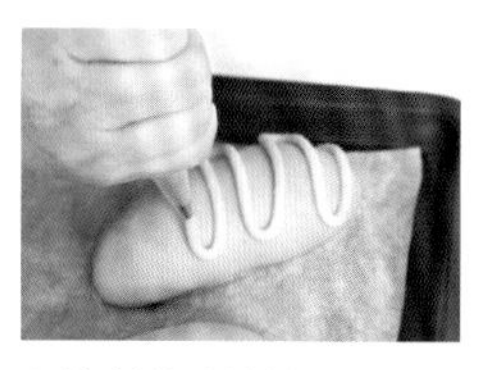

9 将装饰材料挤在松弛发酵好的面团上，放入已预热至165℃的烤箱中层，烤约15分钟。

制作奶油酱

10 将卡仕达粉、牛奶倒入干净的玻璃碗中，搅拌均匀，制成卡仕达酱。

11 将淡奶油、细砂糖倒入玻璃碗中，用电动搅拌器搅打至有纹路出现，放入卡仕达酱搅打均匀，制成奶油酱。

组合装饰

12 将奶油酱装入裱花袋中。取出烤好的面包，切开一个口子，挤入奶油酱，再放上装饰水果即可。

沙拉米披萨

分量 | 1个
时间 | 烤约13分钟
温度 | 上、下火180℃烘烤

< 材料 >

高筋面粉300克
鸡蛋（1个）55克
酵母粉3克
细砂糖12克
盐3克
火腿肠片45克
豌豆15克
罐头玉米15克
奶酪条15克
辣椒汁适量
清水160毫升

< 制作步骤 >

制作面团 —— 初次发酵、整形 →

1 将高筋面粉、酵母粉、盐、细砂糖倒入大玻璃碗中，用手动搅拌器搅匀。

2 倒入清水、鸡蛋，用橡皮刮刀翻拌几下，再用手揉至无干粉。

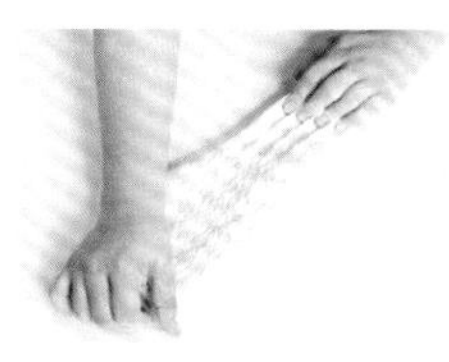

3 取出面团放在干净的操作台上，反复几次甩打至起筋，再揉搓、拉长，卷起后收口、搓圆。

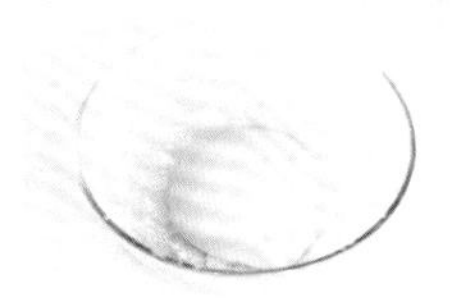

4 将面团放回至大玻璃碗中，封上保鲜膜，静置发酵约30分钟。

—— 二次发酵、铺食材 →

5 撕开保鲜膜，取出面团，将其擀成厚薄一致的圆形薄面皮。

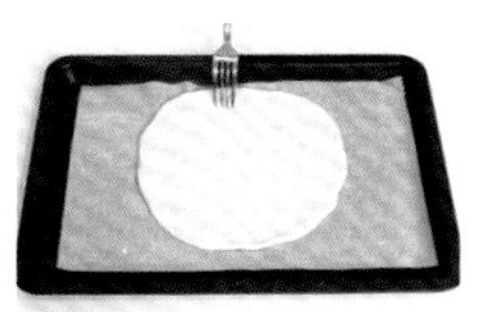

6 取烤盘，铺上油纸，放上面皮，用叉子均匀地插上一些气孔。

7 再盖上保鲜膜，使其松弛发酵约15分钟。

松弛过程中要让面团保持湿润的触感。

8 撕开保鲜膜，用刷子刷上辣椒汁。

—— 烘烤 ——

9 再放上火腿肠片、豌豆、罐头玉米、奶酪条。

10 将烤盘放入已预热至180 ℃的烤箱中层，烘烤约13分钟即可。

如何判断松弛已经完成

如果面团已经变得比松弛前要大一圈，就代表已经完全松弛了。

第五章

甜点类

除了饼干、面包、蛋糕，
烘焙界还有许多美味的甜点，
这些甜点能让你在闲暇时解馋、饱肚。
本章将介绍一些人气甜点的做法，
带你领略甜点的魅力。

椰子球

分量 | 8个
时间 | 烤约20分钟
温度 | 上、下火130 ℃烘烤

< 材料 >

无盐黄油25克
糖粉60克
蛋黄20克
牛奶10毫升
奶粉10克
椰子粉70克

< 制作步骤 >

拌匀材料

1 将已室温软化的无盐黄油倒入不锈钢盆中。

2 将糖粉过筛至不锈钢盆中。

3 用软刮翻拌至混合均匀。

4 分2次倒入蛋黄，拌匀。

5 分2次倒入牛奶，拌匀至糖粉完全溶化。

6 将奶粉过筛至不锈钢盆里。

7 倒入椰子粉。

8 以软刮翻拌均匀。

整形、烘烤

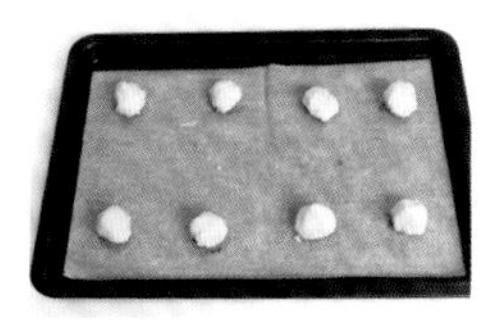

9 将材料分搓成数个大小一致的圆球，放在铺有油纸的烤盘上。

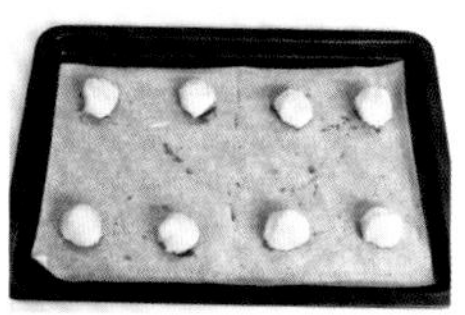

10 移入预热至130 ℃的烤箱中层，烤约20分钟至表面呈金黄色即可。

将材料捏成圆球时，一定要用力捏紧，否则容易散开。

了解烤箱特性

一般需要预热10分钟以上的烤箱火力都偏弱，温度最好要设定得比本书标示的更高一点。

蛋白爱心

分量 | 12个
时间 | 烤约10分钟
温度 | 上、下火180℃烘烤

< 材料 >

蛋白60克
细砂糖60克

制作蛋白糊

1 将蛋白倒入玻璃碗中。

蛋白和蛋黄必须分离得很干净。

2 倒入一半的细砂糖。

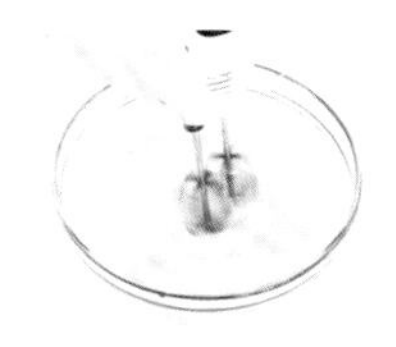

3 用电动搅拌器搅打至五分发。

4 倒入剩余细砂糖。

5 继续搅打至不易滴落的状态。

6 制作成蛋白糊。

打好的蛋白糊必须在5～6分钟内使用。

整形

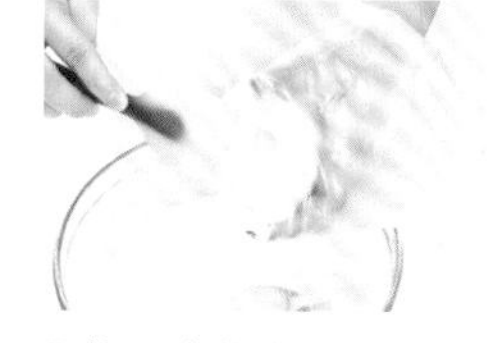

7 将蛋白糊装入套有圆齿裱花嘴的裱花袋里。

8 用剪刀将裱花袋剪一个小口，待用。

烘烤

9 取烤盘，铺上油纸，在油纸上挤出数个大小一致的造型蛋白糊。

10 将烤盘放入已预热至180℃的烤箱中层，烤约10分钟。

掌握好蛋白的打发温度

蛋白的最佳打发温度为23℃左右，因此夏季打发蛋白要先把鸡蛋冰一下再打发，冬季则可以用温水热一下再打发。

巧克力玻璃珠

分量 | 6个
时间 | 烤约12分钟
温度 | 上、下火175℃烘烤

< 材料 >

●面团

低筋面粉80克
杏仁粉20克
砂糖35克
盐0.5克
蛋黄50克
无盐黄油30克
橄榄油20毫升
香草精2克

●表层

黑巧克力80克
开心果碎适量
燕麦碎适量

< 制作步骤 >

制作面团

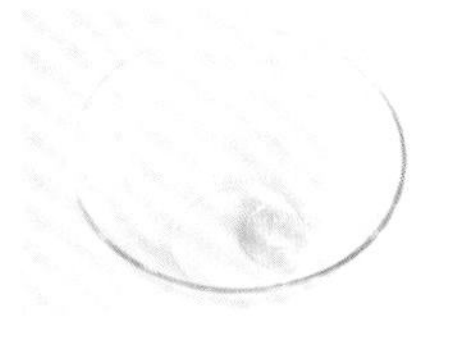

1 玻璃碗中放入已在室温下软化的无盐黄油。

2 放入橄榄油，搅拌均匀。

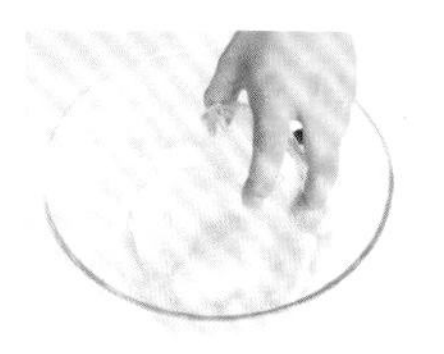

3 加入砂糖和盐，充分搅拌均匀。

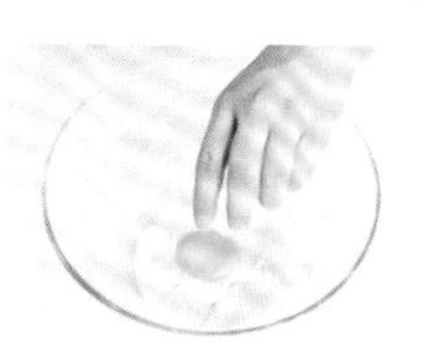

4 加入蛋黄，搅拌均匀。

5 放入香草精，搅拌均匀，呈柔滑均匀的状态。

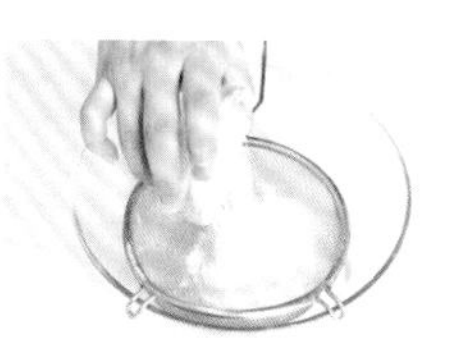

6 筛入低筋面粉、杏仁粉。

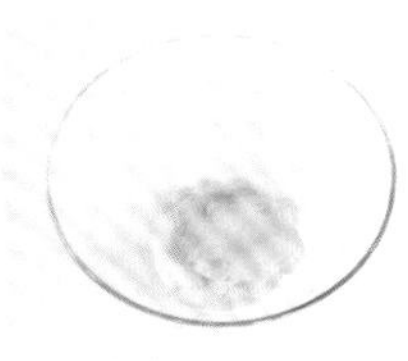

7 用橡皮刮刀搅拌成均匀的面团。

整形、烘烤

8 将面团分成每个约10克的圆球，有间隙地放置在烤盘上。

组合装饰

9 放进预热至175℃的烤箱烘烤约12分钟，取出。

10 将黑巧克力隔热水加热，熔化成巧克力酱。

11 将烤好的圆球酥坯的一面浸入巧克力酱中。

12 再在有巧克力酱的一面撒开心果碎和燕麦碎即可。

酥坯烤好后马上从烤箱里取出，以免在烤箱里吸收水汽，影响口感。

草莓挞

分量 | 4个
时间 | 烤约25分钟
温度 | 上、下火180℃烘烤

< 材料 >

●挞皮

低筋面粉85克
高筋面粉36克
无盐黄油55克
白油36克
细砂糖6克
盐3克
冰水36毫升

●挞馅

草莓果酱3克
淡奶油100克
细砂糖50克
草莓块适量

< 制作步骤 >

制作挞皮面团

1 将冰水、盐、细砂糖倒入大玻璃碗中，用手动搅拌器搅拌均匀，制成冰糖水。

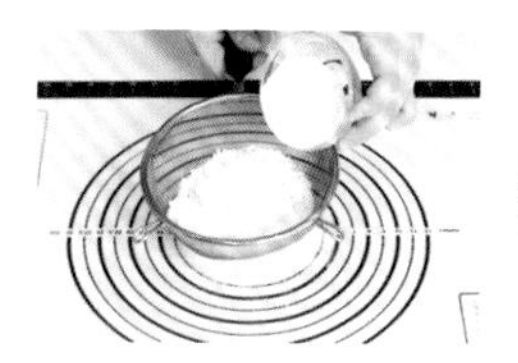

2 将高筋面粉和低筋面粉过筛至铺有烘焙垫的操作台上，开窝。

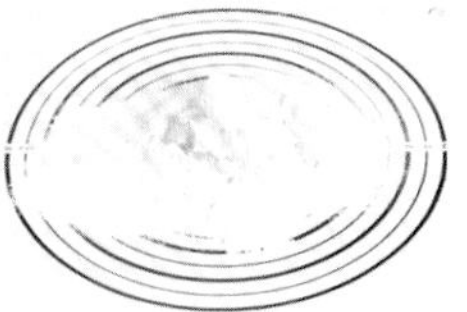

3 放上室温软化的无盐黄油和白油。

4 用刮板翻拌均匀，再用手揉匀。

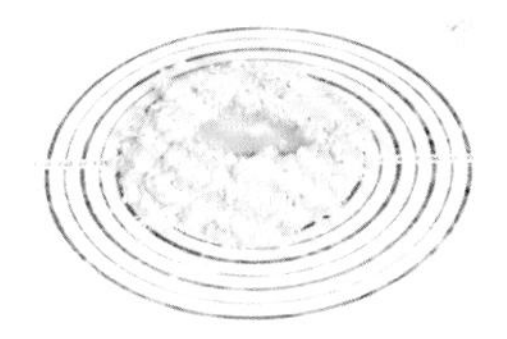

5 继续开窝，倒入拌匀的冰糖水，和匀。

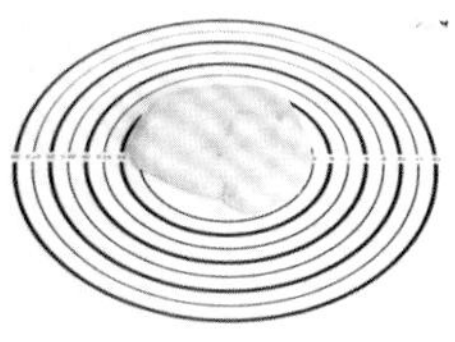

6 揉搓成光滑的面团，用保鲜膜包裹住，放入冰箱冷藏约30分钟。

入模烘烤

7 挞模内刷上少量无盐黄油，撒上少许低筋面粉。

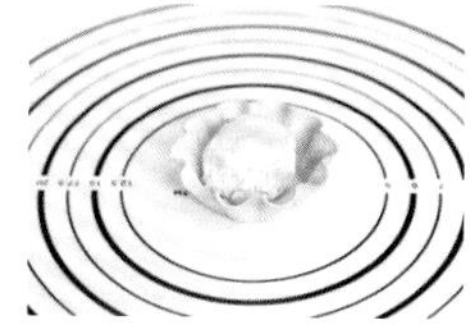

8 取出面团，撕掉保鲜膜，将面团分成25克一个的小面团，揉匀后放在挞模内。

9 用手将面团捏至与挞模内壁贴合紧密，放入已预热180℃的烤箱中层，烤约25分钟。

制作挞馅

10 将淡奶油装入大玻璃碗中，放入细砂糖，用电动搅拌器搅打至九分发。

11 放入草莓果酱，翻拌均匀，装入裱花袋中，用剪刀在裱花袋尖端处剪一小口。

组合

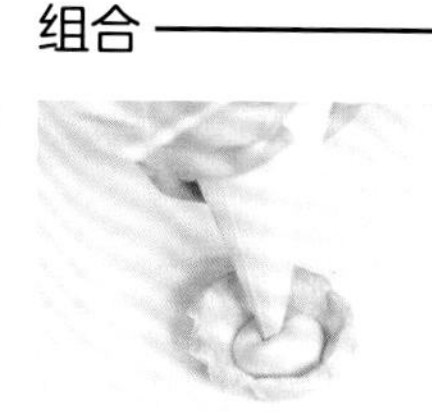

12 挤入烤好的挞皮中，再装饰上草莓块即可。

捏挞皮时，底部要尽量捏薄一点，否则会不酥脆，影响口感。

坚果挞

分量 | 3个
时间 | 烤约25分钟
温度 | 上、下火180℃烘烤

< 材料 >

●挞皮

低筋面粉200克
无盐黄油120克
蛋黄（1个）17克
细砂糖8克
盐2克
清水30毫升

●焦糖馅

细砂糖50克
糖粉20克
蜂蜜50克
淡奶油100克

●坚果果干

核桃仁碎30克
蔓越莓干12克
蓝莓干15克
杏仁20克
玉米片15克

●装饰

薄荷叶少许

< 制作步骤 >

制作挞皮面团

1 将室温软化的无盐黄油、细砂糖、盐倒入大玻璃碗中，用橡皮刮刀翻拌均匀。

2 倒入蛋黄，翻拌至混合均匀，分3次倒入清水，翻拌均匀。

3 将低筋面粉过筛至碗里，用橡皮刮刀翻拌均匀成面团。

4 用保鲜膜包裹住面团，放入冰箱冷藏约30分钟，制成挞皮面团。

入模烘烤

5 取挞模，刷上少许无盐黄油。

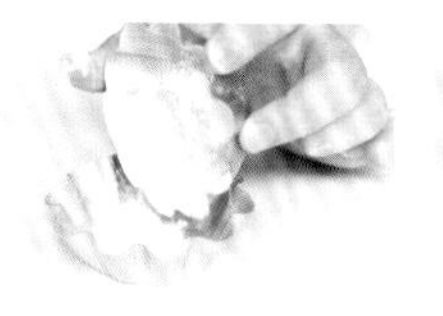

6 撒上少许低筋面粉。

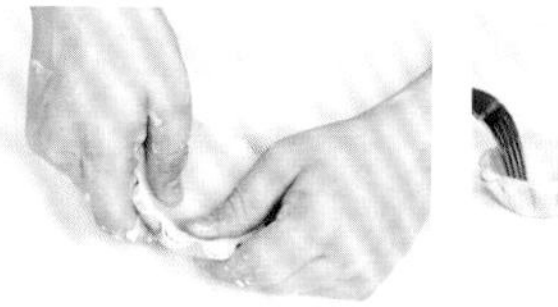

7 取出冷藏好的挞皮面团，将面团分成35克一个的小面团，再搓成球，放入挞模内，轻轻捏几下贴合挞模的内壁。

8 用叉子均匀插上一些孔，放入已预热至180℃的烤箱中层，烤约25分钟。

在烤挞皮时可以将核桃仁切碎，放入烤箱烤至熟。

制作挞馅

9 将细砂糖、糖粉、蜂蜜倒入平底锅中，开小火，边加热边用橡皮刮刀搅拌至沸腾。

10 缓慢倒入淡奶油，搅拌均匀，开小火，将锅中材料拌煮成浓稠的糊状，制成焦糖馅。

11 将核桃仁碎、蔓越莓干、蓝莓干、杏仁、玉米片装入大玻璃碗中，放入焦糖馅，翻拌均匀，制成坚果焦糖馅。

组合

12 取出烤好的挞皮，放凉至室温，将坚果焦糖馅装入挞皮内，再放上薄荷叶做装饰即可。

蓝莓葡挞

分量 | 8个
时间 | 烤约20分钟
温度 | 上、下火200℃烘烤

< 材料 >

原味挞皮8个（挞皮制作参照P124草莓挞）
鸡蛋（2个）110克
淡奶油140克
牛奶56毫升
细砂糖25克
蓝莓干20克
朗姆酒4毫升

< 制作步骤 >

搅散鸡蛋

1 将鸡蛋倒入玻璃碗中。

2 用手动搅拌器搅散，待用。

煮牛奶

3 将牛奶倒入平底锅中。

4 倒入细砂糖。

5 用中小火煮至细砂糖溶化，关火。

制作挞馅

6 将煮好的牛奶缓慢倒入装有鸡蛋的大玻璃碗中，边倒边搅拌均匀。

7 再倒入淡奶油，边倒边搅拌均匀。

8 倒入朗姆酒，继续搅拌均匀，制成挞馅。

组合、烘烤

9 将挞馅过筛至量杯中。

10 取烤盘，放上挞皮，依次倒入挞馅。

11 再依次放入蓝莓干。

12 将烤盘放入已预热至200℃的烤箱中层，烤约20分钟至表面上色即可。

因为挞皮烤熟后会膨胀，所以倒入的挞馅至七八分满即可。

杧果慕斯挞

分量 | 3个
时间 | 冷藏30分钟
温度 | 0～5℃

< 材料 >

原味挞皮3个（挞皮制作参照P124草莓挞）
杧果泥100克
细砂糖60克
布丁粉8克
吉利丁片（切成小块）5克
白兰地2毫升
淡奶油100克
已打发淡奶油80克
可食用金箔纸少许

制作杧果糊

1 将吉利丁片浸水泡软，沥干水分后再隔热水拌至溶化。

2 将杧果泥、吉利丁液倒入大玻璃碗中。

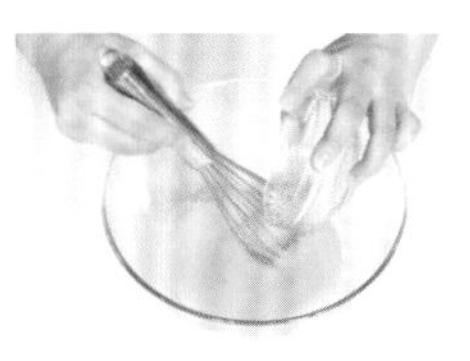

3 边倒入白兰地，边用橡皮刮刀搅拌均匀，制成杧果糊，待用。

制作慕斯糊

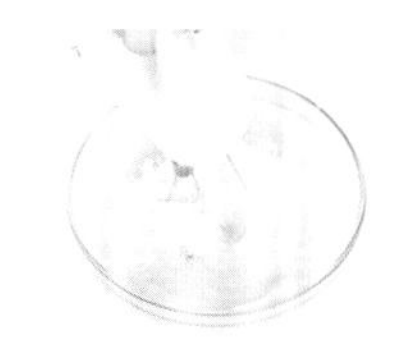

4 将淡奶油、20克细砂糖倒入干净的大玻璃碗中，用电动搅拌器搅打至六分发。

淡奶油如果打发过度，会油水分离，也就是俗称的豆腐渣状态，是不能使用的。

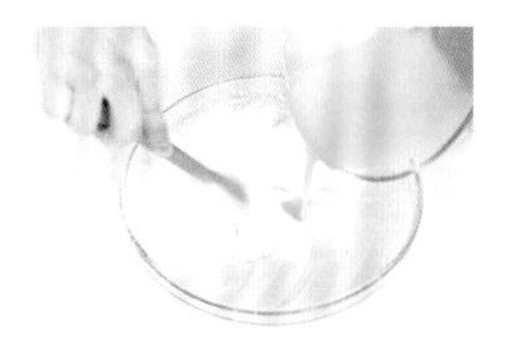

5 将杧果糊倒入打发的淡奶油中，翻拌均匀，制成慕斯糊。

6 将慕斯糊装入裱花袋里，用剪刀在裱花袋尖端处剪一个小口。

制作布丁

7 平底锅中倒入适量清水、布丁粉、剩余细砂糖，开中火。

8 边加热边搅拌至沸腾，关火，制成布丁液。

组合装饰

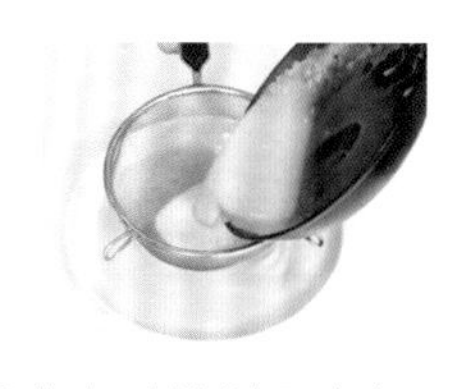

9 将布丁液过滤至盘中，再放入冰箱冷藏30分钟至凝固成布丁。

10 将打发淡奶油装入套有圆齿裱花嘴的裱花袋里，用剪刀在裱花袋尖端处剪一小口。

11 将慕斯糊挤在挞皮里至八分满。用模具按压出3个圆形布丁，再放在慕斯糊上。

12 在挞皮与布丁的缝隙间均匀挤上一圈已打发的淡奶油，再放上可食用金箔纸即可。

菠萝派

分量 | 1个
时间 | 烤约18分钟
温度 | 上、下火180℃烘烤

< 材料 >

●派皮

奶油65克
糖粉45克
鸡蛋液15克
低筋面粉100克

●杏仁内馅

奶油62克
砂糖62克
鸡蛋液50克
杏仁粉62克

●装饰

南瓜子（烤过）少许
草莓1个
菠萝片75克

< 制作步骤 >

制作派皮面团

1 在玻璃碗中放入奶油，再倒入糖粉，用手动搅拌器将材料搅拌均匀。

2 倒入鸡蛋液，搅拌均匀，筛入低筋面粉，翻拌至无干粉，继续搅拌一会儿，制成面团。

入模烘烤

3 取出面团，用保鲜膜包裹起来，放在操作台上，擀成厚薄一致的面皮。

4 将面皮铺在圆形模具上，再用刮板沿着模具周围将多余的面皮切掉，即成派皮坯。

将面皮的厚度擀成约0.5厘米。

派的边缘不宜太厚，以免烤制出来的口感不好。

5 用叉子在派皮坯底部均匀戳上小孔，移入冰箱冷藏5分钟。

6 再移入已预热至180℃的烤箱中层，烤约18分钟后取出即可。

制作杏仁内馅

7 将奶油和砂糖倒入大玻璃碗中，用手动搅拌器搅拌均匀。

8 将杏仁粉倒入碗中，以软刮翻拌至无干粉，再用手动搅拌器搅打均匀。

9 分3次倒入鸡蛋液，边倒边搅拌至完全融合的状态，即成杏仁内馅。

组合装饰

10 将杏仁内馅装入烤好的派皮里，用抹刀抹匀。

11 将切好的菠萝片放在杏仁内馅上摆成一圈，中间放上对半切开的草莓。

12 最后撒上切碎的南瓜子做装饰即可。

石榴派

分量 | 3个

< 材料 >

派皮3个（派皮制作参照P132菠萝派）
低筋面粉13克
蛋黄液36克
牛奶220毫升
淡奶油100克
无盐黄油28克
细砂糖50克
玉米淀粉5克
石榴（1个）190克
防潮糖粉适量

< 制作步骤 >

预先准备

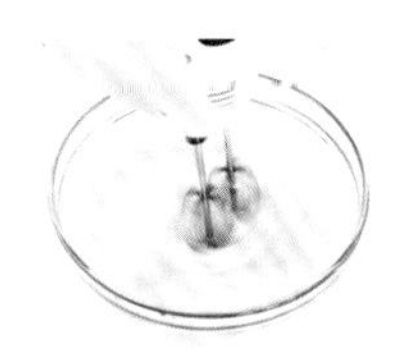

1 将淡奶油装入大玻璃碗中，用电动搅拌器搅打至九分发，待用。

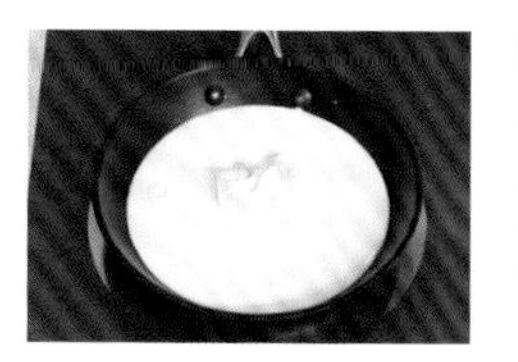

2 将牛奶和无盐黄油倒入平底锅中，用中火加热至沸腾。

牛奶和黄油加热的时候保持沸腾状态不超过 1 分钟。

制作面糊

3 将蛋黄液倒入干净的大玻璃碗中。

4 放入细砂糖，用手动搅拌器搅拌均匀。

5 将低筋面粉、玉米淀粉过筛至蛋黄碗里，用手动搅拌器搅拌均匀至无干粉。

6 将平底锅中的材料缓慢倒入面粉碗中，边倒边用手动搅拌器搅拌均匀。

7 将拌匀的液体再倒回平底锅中，边加热边快速搅拌成糊状，关火，放凉至室温。

制作派馅

8 将一半的面糊和一半的打发淡奶油倒入干净的大玻璃碗中，用橡皮刮刀翻拌均匀。

9 再倒入剩余的面糊和打发淡奶油，继续翻拌均匀，制成派馅。

组合装饰

10 将派馅装入套有圆齿裱花嘴的裱花袋里，用剪刀在裱花袋尖端处剪一个小口。

11 将派馅挤在烤好的派皮上至八分满。

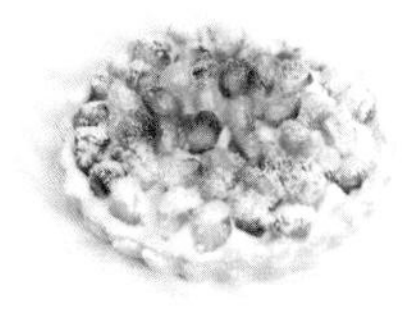

12 放上剥好的石榴粒，筛上一层防潮糖粉即可。

柠檬蛋白派

分量 | 1个

< 材料 >

派皮1个（派皮制作参照P132菠萝派）

●蛋白糊

蛋白100克

细砂糖103克

清水40毫升

●柠檬蛋黄馅

鸡蛋液26克

蛋黄（1个）18克

玉米淀粉26克

细砂糖60克

无盐黄油12克

柠檬汁10毫升

盐2克

清水120毫升

< 制作步骤 >

制作蛋白糊

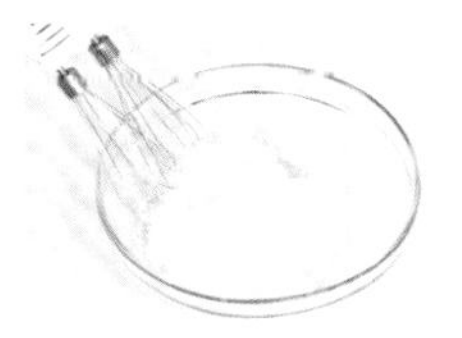

1 将蛋白倒入大玻璃碗中，用电动搅拌器将蛋白搅打至九分发。

2 将细砂糖和清水倒入平底锅中，开中火加热至沸腾。

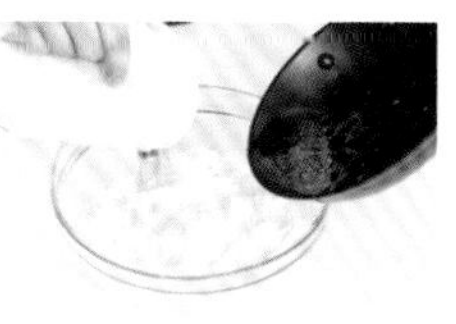

3 将平底锅中的材料缓慢倒入蛋白碗中，再用电动搅拌器快速搅打均匀，制成蛋白糊。

4 将蛋白糊装入套有圆齿裱花嘴的裱花袋里，用剪刀在裱花袋尖端处剪一个小口。

制作柠檬蛋黄馅

5 将100毫升清水、盐、细砂糖倒入干净的平底锅中，开中火加热至沸腾。

6 将鸡蛋液和蛋黄倒入干净的大玻璃碗中，用手动搅拌器搅拌均匀。

7 将玉米淀粉倒入装有20毫升清水的碗中，搅拌至混合均匀。

8 将拌匀的玉米淀粉液倒入鸡蛋碗中，继续搅拌均匀。

9 将平底锅中的材料缓慢倒入鸡蛋碗中，搅拌均匀，再倒入柠檬汁，搅拌均匀，倒回平底锅中。

10 开中火加热，边加热边搅拌至呈糊状，倒入无盐黄油，快速搅拌至混合均匀，制成柠檬蛋黄馅。

组合装饰

11 用橡皮刮刀将柠檬蛋黄馅盛入烤好的派皮内，再抹匀、抹平。

12 将蛋白糊挤在柠檬蛋黄馅上，用喷枪烘烤蛋白糊表面使之呈焦黄色即可。

若家中没有喷枪，可以在派的表面筛上一些可可粉。

柠檬闪电泡芙

分量 | 6个
时间 | 烤约15分钟
温度 | 上、下火180℃烘烤

< 材料 >

●泡芙

鸡蛋液75克
低筋面粉45克
无盐黄油30克
糖粉15克
牛奶15毫升
细砂糖4克
盐0.5克
清水45毫升

●柠檬卡仕达酱

牛奶110毫升
室温软化的无盐黄油70克
蛋黄（1个）18克
柠檬汁30毫升
柠檬皮屑8克
玉米淀粉10克
朗姆酒7毫升
细砂糖20克

●柠檬淋面酱

糖粉140克
柠檬汁18毫升
吉利丁片2克

●装饰

糖渍柠檬片少许
食用金箔少许

制作泡芙糊

1 将清水、细砂糖、盐、无盐黄油、牛奶倒入不锈钢锅中，开中火加热，拌匀，煮至沸腾。

2 关火，将低筋面粉过筛至锅中，拌成无干粉的面团，放入大玻璃碗中，放凉至室温。

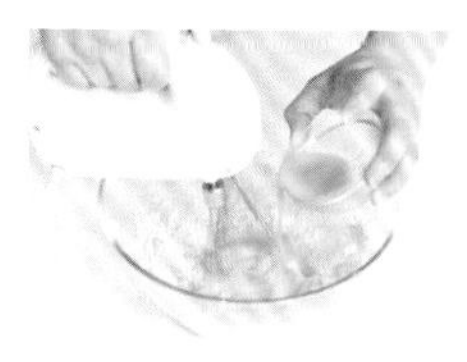

3 分3次倒入鸡蛋液，用电动搅拌器搅打均匀，制成面糊，装入套有圆齿裱花嘴的裱花袋里，并在裱花袋尖端剪一小口。

烘烤

4 取烤盘，铺上油纸，在油纸上挤出曲线饼干形状，往饼干坯上筛上一层糖粉。

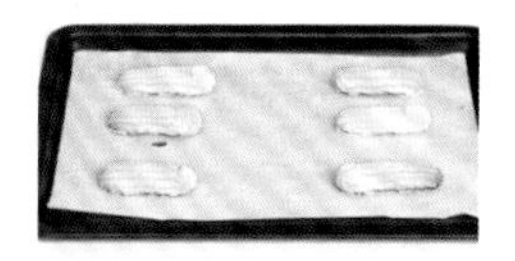

5 将烤盘放入已预热至180℃的烤箱中层，烤约15分钟。

制作柠檬卡仕达酱

6 将蛋黄和细砂糖倒入另一个大玻璃碗中，拌匀，筛入玉米淀粉，拌匀成蛋黄面糊。

7 将牛奶倒入平底锅中，开中火加热，煮至沸腾，倒入蛋黄面糊，加热，搅拌煮至成稠状。

8 倒入朗姆酒、柠檬汁、柠檬皮屑，放入无盐黄油，搅匀，制成柠檬卡仕达酱，装入套有小号圆形裱花嘴的裱花袋里，并在裱花袋尖端剪一小口。

制作柠檬淋面酱

9 将吉利丁片浸水泡软，再沥干水分，隔热水搅拌至溶化。

10 往装有吉利丁的碗中倒入柠檬汁，拌匀，再倒入糖粉，搅拌均匀，制成柠檬淋面酱。

组合装饰

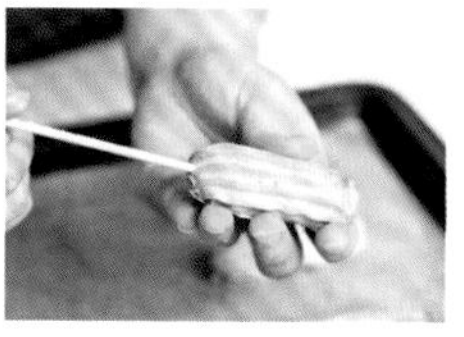

11 取出烤好的泡芙，用竹签横戳出深度约为5厘米的洞，挤入柠檬卡仕达酱。

12 烤盘上放一个烤网，再放上泡芙，将柠檬淋面酱抹在泡芙表面，放上糖渍柠檬片、食用金箔做装饰即可。

水蜜桃泡芙

分量 | 12个
时间 | 烤约20分钟
温度 | 上、下火190℃烘烤

< 材料 >

牛奶62毫升
无盐黄油52克
低筋面粉62克
鸡蛋液100克
腌渍水蜜桃罐头适量
动物性奶油50克
细砂糖5克

< 制作步骤 >

制作泡芙面糊

1 将无盐黄油、水（约60毫升）、牛奶依次倒入不锈钢盆中。

2 边加热边搅拌至沸腾，关火。

3 将低筋面粉过筛至钢盆里，以软刮翻拌至无干粉。

应趁热倒入低筋面粉，这样搅拌时会轻松一些。

4 取下不锈钢盆降温至50℃左右，分2次倒入鸡蛋液，边倒边用电动搅拌器搅打至无液体状，即成面糊。

烘烤

5 待面糊降至室温，将其装入套有裱花嘴的裱花袋里，并在袋子尖端剪一小口。

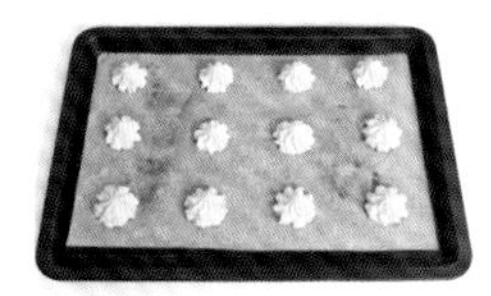

6 取烤盘，铺上油纸，再挤出数个大小一致的造型面糊。

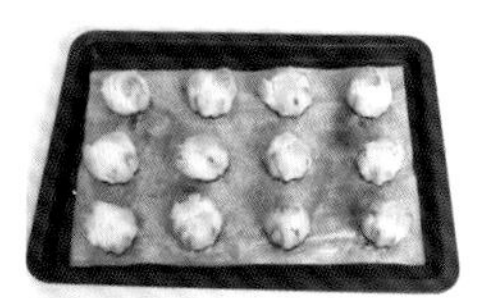

7 将烤盘移入已预热至190 ℃的烤箱中层，烤约20分钟。

8 待其表面上色，取出稍稍放凉，再用锯齿刀切出一个切口。

打发鲜奶油

9 将动物性奶油、细砂糖先后倒入不锈钢盆里，用电动搅拌器先慢后快将材料搅打至发泡（或可立起来）的状态。

10 将打发的鲜奶油装入套有裱花嘴的裱花袋里，并在袋子尖端剪一小口。

组合装饰

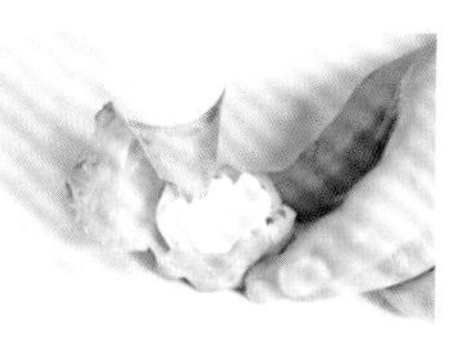

11 将打发的鲜奶油挤入泡芙的切口里。

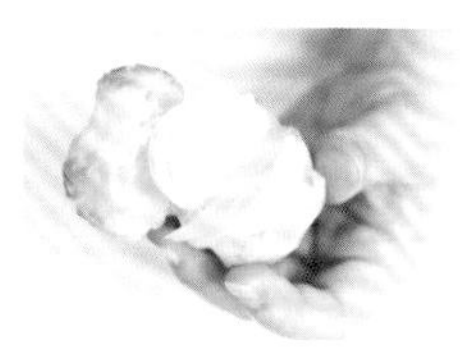

12 最后插入腌渍水蜜桃做装饰即可。

巧克力千层酥饼

分量 | 3个
时间 | 烤约20分钟
温度 | 上、下火170℃烘烤

< 材料 >

●酥饼

奶油125克
糖50克
鸡蛋液35克
蛋黄10克
低筋面粉240克

●巧克力奶油

淡奶油50克
黑巧克力50克

●装饰

巧克力豆适量
薄荷叶适量
糖粉少许

<制作步骤>

制作酥饼面团

1 将奶油、糖倒入大玻璃碗中，用电动搅拌器搅打至发白状态。

2 先后分次加入鸡蛋液、蛋黄，边倒边搅打均匀。

3 将低筋面粉过筛至大玻璃碗中，以软刮翻拌成无干粉的面团。

整形、烘烤

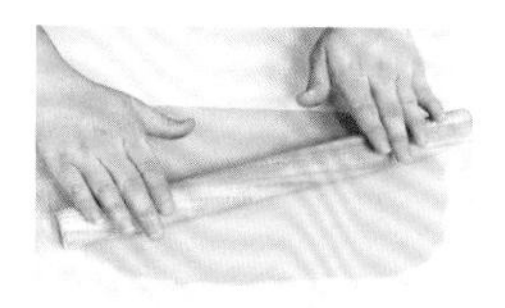

4 操作台上铺上保鲜膜，放上面团，包裹上保鲜膜后用擀面杖将面团擀成厚薄一致的面皮，再移入冰箱冷藏一会儿。

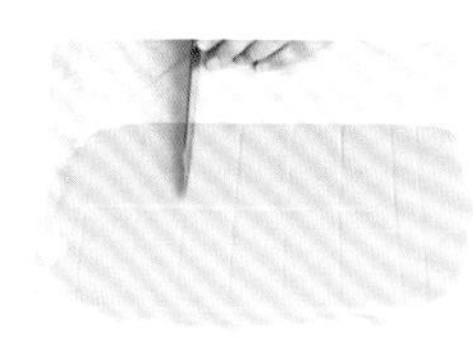

5 取出后撕开保鲜膜，用刀修整一下面皮，再分切成数个大小一致的长方形面皮，即成酥饼坯。

6 取烤盘，铺上油纸，放上酥饼坯。

7 移入已预热至170 ℃的烤箱中层，烤约20分钟至表面上色后取出，即成酥饼。

制作巧克力奶油

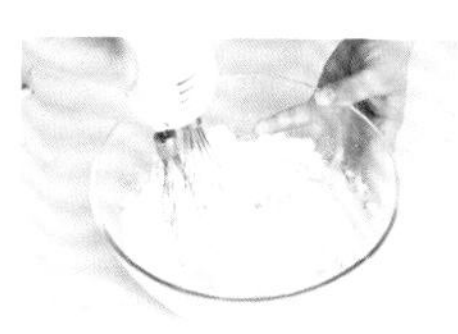

8 将淡奶油倒入大玻璃碗中，用电动搅拌器打发。

9 倒入熔化的黑巧克力，继续搅打均匀，装入套有裱花嘴的裱花袋里，在裱花袋尖端剪一小口。

组合装饰

10 将打发的巧克力淡奶油挤在一块酥饼上，盖上另一块酥饼。

11 再挤上一层巧克力淡奶油，放上巧克力豆。

12 最后将糖粉过筛至表面，放上薄荷叶即可。

可根据个人喜好将巧克力豆换成水果。

汉拏峰橘马卡龙

分量 | 8个
时间 | 烤约9分钟
温度 | 上、下火140℃烘烤

< 材料 >

●意式蛋白霜饼

清水25毫升
细砂糖A 100克
蛋白A 36克
细砂糖B 10克
杏仁粉100克
低筋面粉100克
蛋白B 36克
蛋白粉0.2克
浓缩橙汁适量

●马卡龙馅

汉拏峰橘果酱20克
无盐黄油70克

< 制作步骤 >

制作糖浆

1 将清水、细砂糖A倒入平底锅中，中火加热。

2 达到100℃时，倒入细砂糖B，煮至液体温度达到120℃即关火，制成糖浆。

制作橙汁蛋白霜

3 将蛋白A、蛋白粉倒入大玻璃碗中，用电动搅拌器搅打至九分发。

4 放入糖浆，边倒边搅打均匀，直至提起电动搅拌器后上面的材料能够立起来。

5 放入浓缩橙汁，用电动搅拌器搅打均匀，制成橙汁蛋白霜。

制作意式蛋白霜面糊

6 将杏仁粉、低筋面粉过筛至另一个大玻璃碗中，倒入蛋白B，翻拌均匀成无干粉的面团。

7 放入橙汁蛋白霜，用橡皮刮刀翻拌均匀，制成意式蛋白霜面糊。

整形、烘烤

8 将意式蛋白霜面糊装入套有圆形裱花嘴的裱花袋中，用剪刀在裱花袋尖端处剪一个小口。

9 取烤盘，铺上高温布，再挤出数个直径3厘米的圆形面糊，常温下静置30~60分钟，使面糊表面干燥。

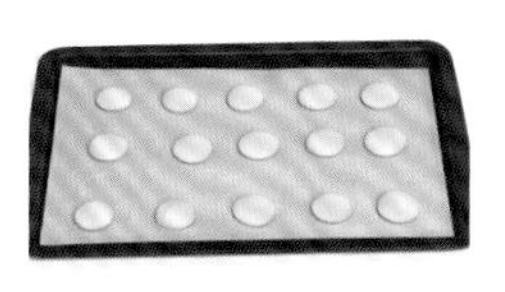

10 将烤盘放入已预热至140 ℃的烤箱中层，烤约9分钟，取出，放凉至室温。

制作馅料、组合

11 将无盐黄油放入大玻璃碗中，用电动搅拌器搅打均匀，倒入汉拏峰橘果酱，搅打均匀，制成马卡龙馅。

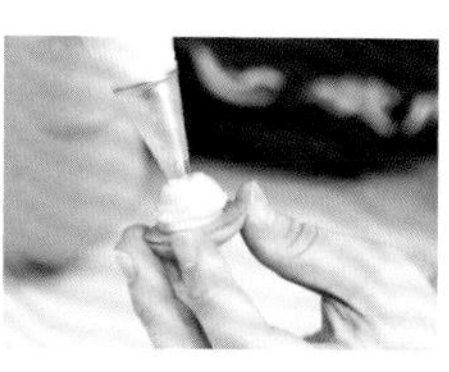

12 将马卡龙馅装入裱花袋里，用剪刀在尖端剪一小口，挤在意式蛋白霜饼的反面，再盖上另一块意式蛋白霜饼，制成汉拏峰橘马卡龙。

用一只手轻轻拍几下烤盘底以震出大气泡。

草莓大福

分量 | 3个
时间 | 蒸约15分钟
温度 | 100℃大火蒸制

< 材料 >

糯米粉150克　熟糯米粉50克　无盐黄油20克
蜜红豆240克　糖粉50克　草莓5个
生粉35克　蜂蜜40克　清水140毫升

制作糯米糊

1 将糯米粉、糖粉、生粉一起倒入大玻璃碗中，用手动搅拌器搅匀。

2 倒入清水，搅拌均匀成糊状。

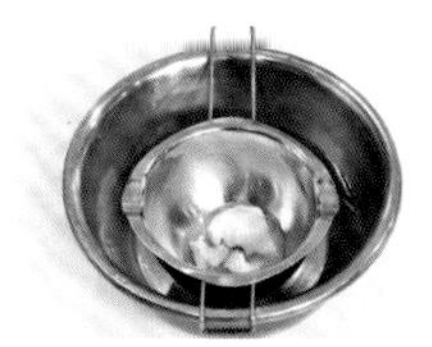

3 将无盐黄油装入小钢锅中，再隔热水搅拌至熔化。

4 将软化的无盐黄油倒入碗中，快速搅拌均匀，制成糯米糊。

入锅蒸制

5 取一个圆盘铺上保鲜膜，再倒入糯米糊。

6 蒸锅注水烧开，放上圆盘，蒸约15分钟。

制作内馅

7 将蜜红豆装入保鲜袋中，用擀面杖擀成泥。

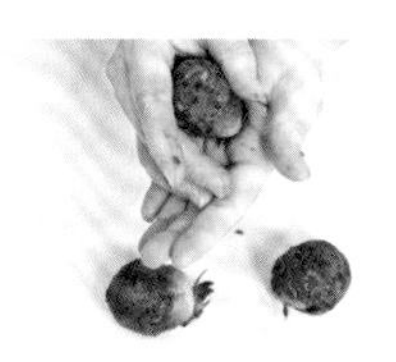

8 用蜜红豆泥包裹住草莓蒂以下的部分，待用。

组合装饰

9 取出蒸好的糯米粉团，倒入干净的大玻璃碗中。

10 碗中再倒入蜂蜜，用橡皮刮刀翻拌均匀。

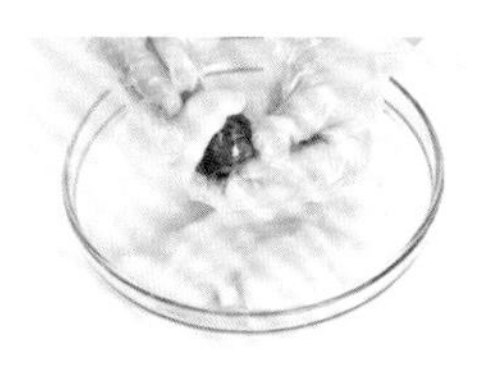

11 取适量糯米粉团包裹住草莓蒂以下的部分，揉搓至表面光滑。

12 沾裹上一层熟糯米粉，竖着将草莓对半切开，装入盘中即可。

熟透的糯米粉团要多揉捏，吃起来较Q。

糯米糍

分量 | 6个
时间 | 蒸约12分钟
温度 | 100℃大火蒸制

< 材料 >

玉米淀粉25克
糯米粉150克
糖粉40克
红豆馅80克
椰丝适量
橄榄油25毫升
开水20毫升
冷水100毫升

<制作步骤>

制作糯米面团

1 往装有玉米淀粉的碗中倒入开水，搅拌均匀，制成玉米淀粉糊。

2 将糯米粉倒入另一大玻璃碗中，倒入玉米淀粉糊。

3 加入橄榄油、糖粉、冷水。

4 用橡皮刮刀翻拌均匀成无干粉的糯米团。

制作糯米糍坯

5 摘取重约45克一个的糯米团，放在掌心揉搓成圆。

6 按扁，放上适量红豆馅。

7 收口后再搓圆，放在撒有适量糯米粉的盘中，制成糯米糍坯。

入锅蒸制

8 取蒸锅，注入适量清水，蒸锅上铺上油纸，用竹签戳上几个孔，再放上糯米糍坯。

包糯米团的时候手上可以涂抹点油或者蘸点水，防止糯米粘手。

9 用大火烧开，转中火，蒸约12分钟。

10 取出蒸好的糯米糍，沾裹上一层椰丝，装入纸杯中即可。

变换多种口味

如果想尝试新吃法，也可以在粉类中加一点抹茶粉、可可粉等，馅料换成紫薯泥、水果泥也很好吃。

香橙烤布蕾

分量 | 2个
时间 | 烤约30分钟
温度 | 上、下火160℃烘烤

< 材料 >

牛奶125毫升
鲜奶油125克
细砂糖50克
鸡蛋15克
蛋黄40克
橙酒12毫升
橙皮丁适量

< 制作步骤 >

煮甜牛奶

1 将鲜奶油、牛奶倒入不锈钢锅里。

2 放入细砂糖，搅拌一会儿。

3 开小火煮至沸腾，至糖完全溶化。

制作布蕾糊

4 将鸡蛋倒入大玻璃碗中。

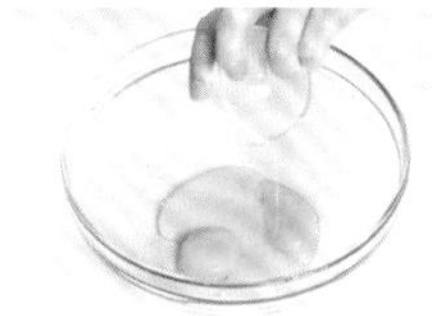

5 放入蛋黄，搅拌均匀。

6 倒入不锈钢锅中的食材，搅拌均匀。

7 倒入橙酒，搅拌均匀，制成布蕾糊。

入模烘烤

8 将布蕾糊过筛至量杯中。

9 将过筛的材料倒入布蕾模具，再将模具放在注入了六分高水的烤盘上。

10 将烤盘移入已预热至160 ℃的烤箱中层，烤约30分钟，取出烤好的布蕾，撒上橙皮丁即可。

烘烤阶段要注意观察，避免烤过了，否则会影响口感。

法式西餐甜品

烤布蕾是一种法国传统的点心，外面是脆的焦糖外壳，里面是奶油布丁软馅。

牛奶冻

分量 | 36块
时间 | 冷藏4个小时
温度 | 0～5℃

< 材料 >

纯牛奶250毫升
糖粉35克
玉米淀粉20克
椰浆10毫升
鱼胶粉10克
椰蓉30克
开水40毫升

< 制作步骤 >

制作椰浆糊

1 往装有鱼胶粉的碗中倒入开水，搅拌均匀。

2 倒入椰浆，搅拌均匀，制成椰浆糊。

制作面糊

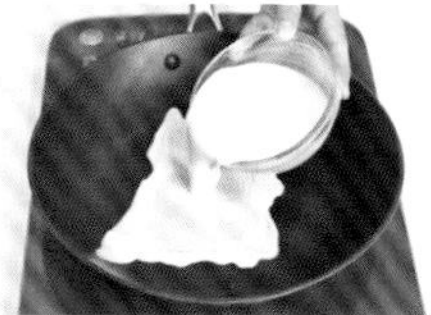

3 将纯牛奶倒入平底锅中，用中小火加热。

4 倒入玉米淀粉，搅拌均匀。

要不断地搅拌，以免煳锅。

5 倒入椰浆糊，搅拌均匀。

6 加入糖粉，搅拌均匀，制成面糊。

入模冷藏

7 用保鲜膜包住慕斯圈做底，撒上适量椰蓉。

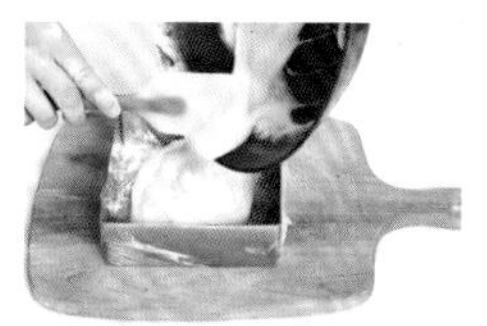

8 倒入平底锅中的面糊，移入冰箱冷藏4个小时以上，即成牛奶冻。

分割装饰

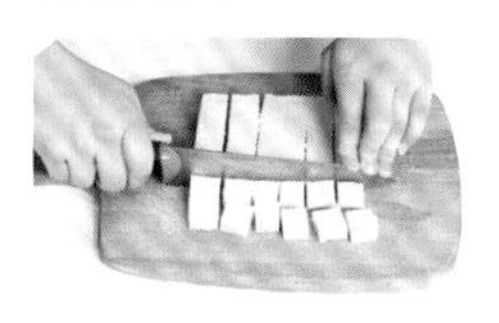

9 取出牛奶冻，切成条，再切成丁。

10 将切好的牛奶冻沾裹上一层椰蓉，装入盘中即可。

牛奶的营养价值

牛奶含有钙、磷、铁、锌、铜、锰、钼等成分，能帮助青少年健康成长。